I0422614

MODELLO A MATRICE

Uno strumento efficace per il calcolo polinomiale

MERIS MALAGUTI

ISBN: 9798884954274

Copyright © 2024 Meris Malaguti
Independently published.

Questo libro è rilasciato con licenza Creative Commons BY-NC-ND
Attribuzione – Non Commerciale – Non opere derivate
http://creativecommons.org/licenses/by-nc-nd/3.0/it/deed.it
Attribuzione — Devi attribuire la paternità dell'opera nei modi indicati
dall'autore o da chi ti ha dato l'opera in licenza e in modo tale da non
suggerire che essi avallino te o il modo in cui tu usi l'opera.
Non commerciale — Non puoi usare quest'opera per fini commerciali.
Non opere derivate — Non puoi alterare o trasformare quest'opera, né
usarla per crearne un'altra.
Se vuoi contribuire a migliorare questo testo, invia segnalazioni di
errori, mancanze, integrazioni all'autrice meris.m@gmail.com.
I proprietari di immagini, o di altri contenuti, che sono stati utilizzati
impropriamente e inavvertitamente in questo libro, se ritengono di non
essere stati citati correttamente sono pregati di mettersi in contatto con
l'autrice per gli interventi che si riterranno necessari.

Dedico quest'opera ai miei tre figli naturali, Francesca, Martino e Manuela, e alla mia figlia d'anima, Corinna Caso, per i quali nutro stima e ammirazione sconfinate. Loro sono sempre stati per me fonte di ispirazione e motivo di continua innovazione. Mi hanno sempre stimolato a essere una persona libera, a continuare a studiare e imparare. Hanno accettato e compreso la mia natura "multipotenziale" e insieme abbiamo imparato a "giocare" con i problemi della vita, sorretti dalla continua ricerca di sapere e conoscenze. Ci unisce il desiderio di condividere ciò che abbiamo appreso e il continuo impegno per rendere questo mondo un luogo migliore. Da loro continuo a imparare.

SOMMARIO

L'AUTRICE

Meris Malaguti è laureata in scienze statistiche ed economiche, con abilitazione all'insegnamento della matematica conseguita presso la SSIS dell'Università di Chieti; nella stessa sede ha conseguito il diploma di specializzazione sul sostegno. Nel corso degli anni si è formata continuamente sia nell'ambito della didattica della matematica sia in quello più ampio delle problematiche adolescenziali. Attualmente è docente in ruolo di matematica presso la scuola secondaria superiore.

Prima di insegnare a scuola ha lavorato per una decina di anni presso la Texas Instruments, importante azienda multinazionale, occupandosi - nella sezione Risorse Umane - di formazione per adulti e gestione di teamwork, e nell'area dell'Industrial Engineering di ottimizzazione di processi e controllo di qualità.

A metà degli anni '90 ha fondato insieme a un gruppo di soci una cooperativa onlus di servizi per la prima infanzia, di cui è stata Presidente, composta da genitori e insegnanti impegnati insieme in progetti di ricerca didattica.

Fin da giovanissima ha sempre nutrito interesse per le cure naturali, le medicine tradizionali, il benessere di corpo e mente. Nel 2018 ha conseguito un bachelor in Holistic Health Science specializzandosi in naturopatia, alimentazione naturale, medicina energetica, e tecniche di autoguarigione.

INTRODUZIONE

Numerosissime sono le difficoltà incontrate dagli alunni nel passaggio tra il calcolo numerico e il calcolo algebrico[1]. Spesso l'apprendimento avviene in modo meccanico e il ricordo tende a dissolversi nel tempo in quanto fondato prevalentemente sul ricordo di formule imparate a memoria. Credo fermamente che fornire agli studenti strumenti attraverso i quali poter accedere alle conoscenze sviluppando il ragionamento sia alla base della loro formazione: la mentalità di ricerca di tipo investigativo (formulare ipotesi e testarne la validità) è ancora troppo poco utilizzata a scuola.

Il modello proposto si basa sulla costruzione di matrici con cui effettuare diverse operazioni tra enti matematici. Ispirato all' "area model" utilizzato prevalentemente negli Stati Uniti, introduce importanti elementi di innovazione nel campo del calcolo algebrico, in particolare quello polinomiale.

L'obiettivo è quello di riuscire a dare significatività alle operazioni tra polinomi, (somma algebrica, moltiplicazioni, divisioni, prodotti notevoli, scomposizioni, regola di Ruffini...), cercando di stimolare il ragionamento e la capacità di "costruire" una soluzione, promuovendo in tal modo il senso di autoefficacia.

La sua versatilità lo rende interessante sotto molteplici aspetti, e rappresenta un'opportunità per il coinvolgimento attivo dello studente in problemi auto-posti e per il collegamento tra diversi ambiti del sapere matematico. Si presta anche a progetti di *flipped classroom* (dove lo studente diventa

---

[1] LETTERALE, CALCOLO: Si dice anche *calcolo algebrico*, ed è quell'insieme di convenzioni e di regole, con cui si estendono le operazioni dell'aritmetica ai numeri rappresentati per mezzo di lettere. - Treccani enciclopedia matematica

il protagonista della lezione) nella scuola secondaria di secondo grado. È pensato per essere utilizzato da parte degli studenti come strumento operativo, ma anche dei docenti che potranno poi scegliere di adattare il modello all'interno della cornice teorica prescelta per l'introduzione al calcolo polinomiale, anche in funzione della tipologia di scuola nella quale insegnano. Può inoltre essere utilizzato dai docenti della scuola secondaria di primo grado (seguirà un manuale specifico per tale ordine di scuola). Si presta ottimamente anche all'utilizzo per gli alunni con DSA.

Ho scelto di utilizzare la prima persona plurale per compiere idealmente un cammino insieme, lasciando a ciascun lettore il compito di costruire la "mappa del territorio" a seconda delle proprie necessità.

L'auspicio è di rendere meno ostica questa parte per molteplici aspetti "noiosa" della matematica, consentendo l'acquisizione di quelle abilità indispensabili per affrontare gli argomenti del triennio.

PIANO DELL'OPERA

Al fine di promuovere una piena comprensione del modello partiremo dalle operazioni negli insiemi numerici $\mathbb{N}$, $\mathbb{Z}$, $\mathbb{Q}$[2]. Lo strumento proposto è particolarmente efficace per la comprensione delle operazioni di moltiplicazione e divisione, ma per essere utilizzato richiede anche la conoscenza delle operazioni di addizione e sottrazione, per cui partiremo da queste.

Potremo poi agevolmente trasferire il modello anche al calcolo polinomiale che verrà proposto nei capitoli successivi: operazione di moltiplicazione e divisione tra polinomi, scomposizioni, ricerca delle radici di un polinomio.

Lo scopo del lavoro è agevolare il passaggio dal calcolo aritmetico al calcolo algebrico, cercando sempre di stimolare negli studenti il ragionamento, la curiosità, la costruzione e la validazione di ipotesi.

Il modello si prefigge di stimolare anche la capacità di mettere in relazione "oggetti matematici" di natura apparentemente diversa, numeri e polinomi, evidenziandone la struttura di fondo e le similitudini tra questi.

Come leggere il libro: può essere letto in ordine cronologico (uso consigliato per chi affronta l'argomento per la prima volta) oppure andando direttamente agli argomenti di interesse. I numerosi esempi applicativi consentono la piena comprensione del metodo anche in tal caso.

---

[2] $\mathbb{N}$: insieme dei numeri naturali

$\mathbb{Z}$: insieme dei numeri interi relativi

$\mathbb{Q}$: insieme dei numeri razionali

Nota importante sulla nomenclatura: per ragioni tipografiche le matrici contengono sempre righe e colonne di supporto. Lavorando a mano su carta si possono tralasciare e scrivere direttamente gli elementi all'esterno, come mostrato nell'esempio sottostante:

	bx	ay
ax	abx^2	a^2xy
by	b^2xy	aby^2

I risultati significativi si troveranno, a seconda dei casi, a volte su tali linee di intestazione a volte nel corpo interno della matrice.

Per indicare gli elementi all'interno di una cella specifica della matrice si utilizzerà la simbologia (R_i, C_j) per indicare un elemento posto nella riga i-esima e nella colonna j-esima.

1. LE OPERAZIONI NEGLI INSIEMI NUMERICI ℕ, ℤ, ℚ

Prima di introdurre i ragazzi al calcolo algebrico vengono affrontati gli insiemi numerici, ℕ, ℤ, ℚ, preceduti dalla teoria degli insiemi. Diamo per note le loro caratteristiche, le operazioni definite e relative proprietà. Di tali insiemi vogliamo richiamare solo i concetti che sono fondamentali per il calcolo polinomiale.

1.1 - L'INSIEME ℕ, COSA È INDISPENSABILE CONOSCERE

Le nozioni fondamentali sulle quali è importante acquisire una buona manualità di calcolo sono la proprietà distributiva e le potenze con relative proprietà. Rivediamole brevemente insieme.

1.1.1 - LA PROPRIETÀ DISTRIBUTIVA

Tale proprietà lega le operazioni di addizione e moltiplicazione:

Dati tre numeri a, b, c appartenenti a ℕ si ha:

$$a \cdot (b + c) = a \cdot b + a \cdot c$$

Purtroppo viene spesso trascurata l'importanza di tale proprietà, che sarà fondamentale per apprendere agevolmente il calcolo polinomiale. Poniamo anche attenzione al segno di uguaglianza, che gode della proprietà riflessiva: ne consegue la possibilità di leggere l'espressione anche da destra verso sinistra[3].

---

[3] Invertire i membri della relazione di uguaglianza preparerebbe lo studente ad affrontare le operazioni inverse con maggiore consapevolezza.

Impariamo quindi a leggere la proprietà anche nel verso contrario (ci sarà molto utile in seguito)

$$a \cdot b + a \cdot c = a \cdot (b + c)$$

1.1.2 - LE POTENZE E LORO PROPRIETÀ

DEFINIZIONE: la potenza è il risultato della operazione che associa a due numeri reali a e n il numero a^n, dove:

a è detto la *base* della potenza

n è detto *esponente*

a^n indica il prodotto di n fattori tutti uguali ad a, ovvero:

$$a^n = a \cdot a \cdot \ldots \cdot a \quad n \text{ volte}$$

dove a indica la base e n l'esponente

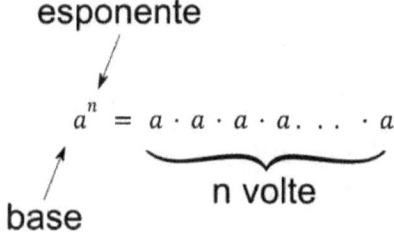

Le potenze in $\mathbb{N}$ godono delle seguenti proprietà:

NB: a, n, m sono numeri naturali con $n > m$ e $a \neq 0$

PROPRIETÀ DELLE POTENZE	OPERAZIONI
Prodotto di potenze con la stessa base	$a^n \cdot a^m = a^{n+m}$
Quoziente di potenze con la stessa base	$a^n : a^m = a^{n-m}$
Prodotto di potenze con lo stesso esponente	$a^n \cdot b^n = (a \cdot b)^n$
Quoziente di potenze con lo stesso esponente (con a multiplo di b)	$a^n : b^n = (a : b)^n$
Potenza di potenza	$(a^n)^m = a^{n \cdot m}$
POTENZE PARTICOLARI	
Base uguale a 1	$1^n = 1$
Base uguale a 0	$0^n = 0$ $(n \neq 0)$
Esponente uguale a 1	$a^1 = a$
Esponente uguale a 0	$a^0 = 1$ $(a \neq 0)$

1.1.3 - SCRITTURA POLINOMIALE DI UN NUMERO IN BASE 10

Lo studio delle proprietà delle potenze e la conoscenza del nostro sistema di numerazione, basato sulla scrittura posizionale, ci consente di scrivere i numeri in forma polinomiale. Vediamo attraverso un esempio come funziona. Nella scrittura decimale (cioè in base 10) il numero 1 234 corrisponde a:

1 migliaio + 2 centinaia + 3 decine + 4 unità ovvero:

$$1 \cdot 1\,000 + 2 \cdot 100 + 3 \cdot 10 + 4 \cdot 1$$

Utilizzando le potenze di 10, possiamo riscriverlo come segue:

$$1\,234 = 1 \cdot 10^3 + 2 \cdot 10^2 + 3 \cdot 10^1 + 4 \cdot 10^0$$

che prende il nome di scrittura in forma polinomiale in base 10; le cifre 1,2,3,4 sono i coefficienti della forma polinomiale; in particolare, 1 è il coefficiente di 10^3, 2 di 10^2, 3 di 10^1, 4 di 10^0

La scrittura 1 234 è semplicemente la forma abbreviata della scrittura in forma polinomiale; tenendo memoria precisa dell'ordine in cui compaiono i coefficienti, possiamo evitare di riportare tutte le potenze di 10 e scrivere semplicemente la successione ordinata dei coefficienti: la rappresentazione diventa più leggera e maneggevole. Le cifre dei coefficienti vengono rigorosamente elencate a partire dal coefficiente della potenza maggiore (e inserendo 0 ove il coefficiente sia nullo). Tale metodo può essere usato con qualsiasi base si decida di utilizzare per rappresentare i numeri.

Abbiamo introdotto qui questa modalità di scrittura, legata alle potenze della base prescelta, perché sarà fondamentale per l'introduzione al calcolo letterale.

1.1.4 - LE EQUAZIONI IN ℕ

Nell'insieme dei naturali possiamo risolvere equazioni del tipo:

$$x + m = n$$

solo nel caso in cui $m \leq n$. Questa operazione equivale ad una sottrazione, in quanto avremo:

$$x = n - m$$

1.1.5 - PERCHÈ AMPLIARE L'INSIEME ℕ

La necessità di rendere sempre possibile la sottrazione, ovvero risolvere equazioni del tipo: $x + m = n$ rende necessario aggiungere nuovi numeri, gli interi negativi; il nuovo insieme, che include i naturali (ovvero gli interi positivi), verrà indicato con la lettera ℤ e denominato insieme degli interi. I numeri di tale insieme vengono anche detti interi relativi.
Successivamente vedremo che per rendere sempre possibile l'operazione di divisione dovremo ampliare ulteriormente tale insieme, per arrivare all'insieme dei razionali, indicato con la lettera ℚ (da quoziente).
Si noti che nell'evoluzione storica l'utilizzo a fini pratici degli interi relativi da un lato, e dei razionali (frazioni e decimali) dall'altro, è avvenuto contemporaneamente. È stato poi

necessario moltissimo tempo per comprendere la connessione tra frazioni, razionali e decimali.

Per ragioni didattiche gli insiemi numerici vengono usualmente presentati agli studenti seguendo la sequenza indicata: $\mathbb{N}$, $\mathbb{Z}$, $\mathbb{Q}$.

1.2 - L'INSIEME $\mathbb{Z}$, COSA È INDISPENSABILE CONOSCERE

Con l'ampliamento dell'insieme $\mathbb{N}$ vengono introdotti nuovi numeri, gli interi che precedono lo zero. Tali numeri, uniti all'insieme dei naturali e allo zero andranno a costituire l'insieme degli interi relativi, identificato con la lettera $\mathbb{Z}$ (dal tedesco Zahl, ovvero numero), così costituito:

$$\mathbb{Z} = \{ \dots, -3, -2, -1, 0, +1, +2, +3, \dots \}$$

Cosa sono e a cosa servono i "nuovi numeri" che danno origine all'insieme $\mathbb{Z}$? I naturali, contraddistinti in $\mathbb{Z}$ dal segno "+", servivano essenzialmente per contare; i nuovi numeri, contrassegnati dal segno "-", hanno diverse finalità. Possono rappresentare una misura della distanza dallo zero, questa volta prendendo in considerazione non solo la direzione verso destra, da zero a più infinito, ma anche verso sinistra, da zero a meno infinito. Normalmente evitiamo di scrivere il segno + davanti ad un naturale sottintendendo che se non diversamente specificato il numero sia positivo.

Le esigenze storiche per le quali sono stati introdotti riguardano prevalentemente il commercio e le conseguenti necessità di tener conto di debiti e crediti, (i debiti nelle scritture contabili venivano scritti in rosso, già nei papiri egizi ne troviamo traccia: rimane ancora in uso ad oggi la locuzione "andare in rosso con il conto in banca" per indicare la presenza di debiti) e più in generale di quantità negative per indicare una mancanza (es.

pezzi in un magazzino) o una discesa sotto lo zero (si pensi alle temperature o misure sotto il livello del mare).

1.2.1 - COSA C'È DI NUOVO IN ℤ

Per capire il funzionamento di questi nuovi numeri dobbiamo introdurre due nuovi concetti, quello di **opposto** di un numero e quello di **valore assoluto (o modulo)**:

1.2.1.1 - L'OPPOSTO DI UN NUMERO

Dato un numero a si definisce opposto di a il numero (che indicheremo con $-a$) che ha la stessa distanza dallo zero (che rappresenta l'origine se disponiamo i numeri su una retta orientata) ma è in direzione opposta rispetto ad a.

1.2.1.2 - IL VALORE ASSOLUTO DI UN NUMERO (O MODULO)

La distanza di un numero dallo zero si definisce VALORE ASSOLUTO (O MODULO). Dato un numero $a \in \mathbb{R}$[4] viene indicato con il simbolo $|a|$ ed ha il seguente significato:

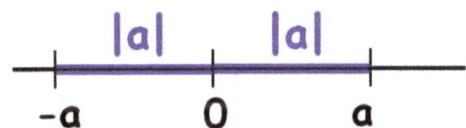

Per il valore assoluto quindi vale che:

- il valore assoluto di un **numero positivo** è uguale al numero stesso

---

[4] Insieme dei numeri Reali

- il valore assoluto di un **numero negativo** è uguale all'opposto del numero

- il valore assoluto del **numero 0** è uguale a 0

In simboli[5]:

$$|a| = \begin{cases} a; & \text{per } a > 0, \\ -a; & \text{per } a < 0, \\ 0; & \text{per } a = 0. \end{cases}$$

Per l'elemento opposto vale la proprietà:

$$-a + a = a - a = 0$$

---

[5] Il modulo gode di proprietà che al momento non verranno presentate perché esulano dallo scopo principale dell'opera.

1.2.2 - COME CAMBIANO OPERAZIONI E PROPRIETÀ IN ℤ

Andremo ora a vedere quali cambiamenti è necessario introdurre sulle operazioni per mantenere le proprietà che erano presenti nell'insieme ℕ.

1.2.2.1 - LE POTENZE IN ℤ

Oltre alle regole viste nell'insieme ℕ relativamente alle potenze vediamo quali sono le proprietà che dobbiamo integrare:

OPERAZIONI	PROPRIETÀ
Potenza pari di numeri relativi	$(-a)^{2n} = +a^{2n}$ (2n indica un numero pari)
Potenza dispari di numeri relativi	$(-a)^{2n+1} = -a^{2n+1}$ (2n+1 indica un numero dispari) $(+a)^{2n+1} = +a^{2n+1}$ $(a \epsilon Z, n \epsilon N)$

1.2.2.2 - UNA "NUOVA" OPERAZIONE: LA SOMMA ALGEBRICA

Richiamiamo l'attenzione sul fatto che nell'insieme ℤ addizione e sottrazione vengono "unificate" nell'operazione di somma algebrica: quando infatti dobbiamo eseguire una sottrazione, questa operativamente diventa una addizione con l'opposto del numero da sottrarre. Vediamo come operare.

- **I termini con lo stesso segno**, definiti **CONCORDI**, si sommano lasciando il segno comune.
- **I termini con segno opposto,** definiti **DISCORDI,** devono essere confrontati, facendo la sottrazione tra i loro valori assoluti (il maggiore dei due in valore assoluto andrà a determinare il segno del risultato dell'operazione).

21

Ciò ovviamente non significa che concettualmente non avremo più l'esigenza di fare sottrazioni! Tale operazione è alla base del confronto di grandezze, serve nella costruzione di alcuni modelli matematici o per descrivere processi fisici; semplicemente la regola operativa per eseguire una sottrazione diventa "calcolare la somma con l'opposto".

1.2.2.3 - LA SOMMA ALGEBRICA IN $\mathbb{Z}$ CON LA SCRITTURA POLINOMIALE

Proponiamo quindi un esempio prima di addizione (per numeri concordi) e poi di confronto, ovvero sottrazione, con numeri in $\mathbb{Z}$. Utilizzeremo a tale scopo la scrittura polinomiale di tali numeri, che sarà propedeutica al calcolo algebrico. Eseguiamo:

$$97\,653\ +\ 4\,369$$

Scriviamo come prima cosa i numeri nel formato polinomiale:

$$97\,653 = 90\,000 + 7\,000 + 600 \quad + 50 \quad + 3 \quad =$$
$$= 9 \cdot 10^4 + 7 \cdot 10^3 + 6 \cdot 10^2 + 5 \cdot 10^1 + 3 \cdot 10^0$$
$$4\,369\ = \qquad\qquad 4\,000 + 300 \quad + 60 \quad + 9 \quad =$$
$$= \qquad\qquad 4 \cdot 10^3 + 3 \cdot 10^2 + 6 \cdot 10^1 + 9 \cdot 10^0$$

Eseguiamo ora l'operazione di addizione: come abbiamo appreso dai precedenti cicli di studio possiamo addizionare solo unità con unità, decine con decine, centinaia con centinaia e così via, ovvero le stesse potenze di 10, quindi incolonniamo ed eseguiamo l'operazione nel modo seguente:

$$9 \cdot 10^4 + \quad 7 \cdot 10^3 + 6 \cdot 10^2 + 5 \cdot 10^1 + \ 3 \cdot 10^0 \qquad +$$
$$4 \cdot 10^3 + 3 \cdot 10^2 + 6 \cdot 10^1 + \ 9 \cdot 10^0 \qquad =$$

$$9 \cdot 10^4 + 11 \cdot 10^3 + 9 \cdot 10^2 + 11 \cdot 10^1 + 12 \cdot 10^0 \qquad =$$
$$90\,000 + 11\,000 + 900 \quad + \ 110 \quad + 12 \qquad =$$

Eseguiamo le somme parziali, applicando opportunamente le proprietà dell'addizione in modo da semplificare i calcoli:

$$90\,000 + 11\,000 = (90\,000 + 10\,000) + 1\,000$$
$$= 100\,000 + 1\,000 = 101\,000$$
$$101\,000 + 900 = 101.900$$
$$101900 + 110 = (101900 + 100) + 10 = 102000 + 10$$
$$= 102010$$
$$102\,010 + 12 = \ (102\,010 + 10) + 2 = \quad 102\,020 + 2$$
$$= 102\,022$$

Ovviamente se i numeri fossero stati entrambi negativi avremmo seguito la stessa procedura, mettendo poi il segno meno davanti al risultato.

Eseguiamo ora la sottrazione:
$$4\,369 - 97\,653 =$$

Scriviamo come prima cosa i numeri in formato polinomiale:

$$-97\,653 = -9 \cdot 10^4 - 7 \cdot 10^3 - 6 \cdot 10^2 - 5 \ \cdot 10^1 - \ 3 \cdot 10^0$$
$$4\,369 = \qquad\quad 4 \cdot 10^3 + 3 \cdot 10^2 + \ 6 \cdot 10^1 + 9 \cdot 10^0$$

L'operazione richiesta diventa:

$$-9 \cdot 10^4 - 7 \cdot 10^3 - 6 \cdot 10^2 - 5 \cdot 10^1 - 3 \cdot 10^0 \qquad +$$
$$4 \cdot 10^3 + 3 \cdot 10^2 + 6 \cdot 10^1 + 9 \cdot 10^0 \qquad =$$

$$-9 \cdot 10^4 - 3 \cdot 10^3 - 3 \cdot 10^2 + 1 \cdot 10^1 + 6 \cdot 10^0 \qquad =$$
$$-90\,000 - 3\,000 - 300 \quad + \quad 10 \quad + 6 \qquad =$$

Eseguiamo ora la somma algebrica:

$$-90\,000 - 3.000 - 300 + 10 + 6 \qquad =$$

Sommiamo i termini con lo stesso segno:

$$-(90000 + 3000 + 300) + (10 + 6) = -93300 + 16 =$$

$$-|93\,300 - 16| = -|(93\,300 - 10) - 6| =$$
$$-93\,284 \text{ (risultato)}$$

1.2.2.4 - LA MOLTIPLICAZIONE: COSA CAMBIA IN ℤ, LE NUOVE REGOLE

Le regole[6] relative alla moltiplicazione sono le seguenti:

$$(+) \cdot (+) = +$$
$$(-) \cdot (-) = +$$
$$(+) \cdot (-) = -$$
$$(-) \cdot (+) = -$$

---

[6] Si veda in appendice la motivazione di tale regola.

1.2.3 - SBAGLIANDO SI IMPARA: COSA POSSIAMO APPRENDERE DAGLI ERRORI DEGLI STUDENTI

Andremo ora ad analizzare gli errori commessi più frequentemente dagli alunni, cercando di riflettere sul motivo che li ha originati e sulle possibili strategie di correzione.

1.2.3.1 - ERRORI DERIVANTI DALL'AMBIGUITÀ DEL SEGNO " - ".

Sarebbe importante far notare agli studenti che il segno "-", all'interno dell'insieme $\mathbb{Z}$ e successivamente in $\mathbb{Q}$, assume significati diversi. Spesso gli studenti rimangono confusi dal ruolo giocato dal segno meno in differenti ambiti, e andrebbero resi consapevoli delle differenze. Vediamo le principali:

Primo significato: usiamo il segno meno per identificare i numeri negativi, come -5 , -4, -3 ... e cioè quei "nuovi numeri" che con l'introduzione dell'insieme $\mathbb{Z}$ sono stati aggiunti ai naturali. In questa accezione il segno "-" non viene utilizzato per indicare un'operazione, ma diviene un "indicatore" che serve a caratterizzare i nuovi numeri.

Secondo significato: ovviamente dall'insieme dei naturali riprendiamo la convenzione di indicare con "-" il simbolo dell'operazione di sottrazione.

Terzo significato: il segno meno si usa per indicare "l'opposto di". Quindi:

$$-(-5) = 5$$

In tale scrittura il primo ed il secondo simbolo "meno" hanno due significati diversi: il primo sta per "l'opposto di", mentre il secondo è quello che abbiamo già notato, di "indicatore" dei numeri negativi.

Quarto significato: il segno meno viene usato per indicare un esponente negativo, che si utilizzerà nell'ampliamento successivo, ovvero nell'insieme $\mathbb{Q}$ dei numeri razionali. L'esponente negativo sta ad indicare un "rimpicciolimento" della base; possiamo anche pensarlo come un depotenziamento (se la base è maggiore di 1).

È probabilmente l'utilizzo che crea più confusione, in quanto viene associato automaticamente a quantità negative. È davvero complesso far comprendere agli studenti che tale segno "meno" non va a modificare il segno della base che, se è positiva rimane positiva: diviene solo più piccola. Ma di questo parleremo più approfonditamente nel capitolo dedicato ai numeri razionali.

Queste diverse funzioni logiche del segno "-" non vengono esplicitate chiaramente quando si introducono i numeri relativi. Questo genera grande confusione nei ragazzi che dovrebbero come prima cosa comprendere "cosa c'è sotto" logicamente, al fine di imparare ad usare (e ancora prima ad accettare) i numeri negativi, che rappresentano a tutti gli effetti un "ostacolo"[7] all'apprendimento della matematica. È fondamentale che soprattutto gli insegnanti si rendano conto della vera e propria

---

[7] Sul concetto di ostacolo in matematica si veda: Pezzimenti L. Ostacoli ontogenetici, epistemologici, didattici, Nuova didattica, Università by EDITRICE LA SCUOLA

complessità di questo concetto, che non è affatto così "naturale" come talvolta si tende a cercare di far loro credere.

1.2.3.2 - LA CONFUSIONE TRA MOLTIPLICAZIONE E SOMMA ALGEBRICA: L'IMPORTANZA DELLE PARENTESI

Abbiamo notato che moltissimi alunni sono incapaci di riconoscere il ruolo del segno meno, che come abbiamo visto può essere usato sia per indicare l'operazione di sottrazione sia per indicare un numero negativo. È molto frequente vedere errori del tipo:

$$-3 - 5 = +8$$

In questo caso il segno - è indicativo dei numeri negativi (-3) e (-5), e quello che l'esercizio richiede è di effettuare una somma algebrica. Per evitare confusioni sarebbe più opportuno scriverla nel seguente modo:

$$(-3) + (-5) = -8$$

L'errore deriva dall'aver applicato la regola $(-) \cdot (-) = +$, che riguarda la moltiplicazione, non avendo quindi riconosciuto che la richiesta era di effettuare la somma algebrica tra i due numeri. Purtroppo moltissimi alunni creano un automatismo secondo il quale, vedendo due segni *meno* vicini, applicano la regola della moltiplicazione.

Occorre imparare a discriminare e riconoscere i due diversi tipi di operazione:

- **MOLTIPLICAZIONE: è necessariamente segnalata dalla presenza di parentesi affiancate tra di loro (anche se non**

è esplicitamente indicato il segno di moltiplicazione)
oppure da un numero immediatamente antecedente la
parentesi.

Se avessimo voluto moltiplicare i due numeri visti sopra
avremmo dovuto scrivere:

$$(-3) \cdot (-5) = +15$$

che è anche equivalente a:

$$-3 \cdot (-5) = +15$$

in quanto la prima parentesi è ininfluente. Non
potremmo invece scrivere:

$$(-3) \cdot -5 =$$

in quanto due segni di operazione non possono essere
collocati a fianco senza utilizzare le parentesi.

- **SOMMA ALGEBRICA: anche qui sono presenti parentesi
delle quali è fondamentale liberarsi, secondo la seguente:**

**REGOLA: se le parentesi hanno il segno + davanti le
possiamo eliminare, se hanno il segno - occorre cambiare
il segno a ciascun termine contenuto nella parentesi.**
Alla fine della procedura ci ritroveremo una serie di
numeri affiancati con l'identificativo del loro segno, sui
quali andremo ad effettuare la somma algebrica secondo
la regola vista precedentemente.

Riprendendo l'esempio precedente, nel caso in cui si volesse effettuare una sottrazione tra i numeri (-3) e (-5) dovremmo scrivere:

$$(-3) - (-5) = -3 + 5 = 2$$

Siamo ricaduti nel caso della somma algebrica, in cui la sottrazione equivale a somma con l'opposto.

1.2.4 - IL MODELLO A MATRICE NELLA MOLTIPLICAZIONE IN $\mathbb{Z}$

Siamo finalmente giunti al momento in cui possiamo illustrare il funzionamento del modello a matrice, iniziando dalle moltiplicazioni. Lo faremo direttamente attraverso un esempio. Moltiplichiamo:

$$2\,345 \times 678$$

Scriviamo i numeri nella forma polinomiale:

$$2\,345 = 2\,000 + 300 + 40 + 5$$
$$= 2 \cdot 10^3 + 3 \cdot 10^2 + 4 \cdot 10^1 + 5 \cdot 10^0$$

$$678 = 600 + 70 + 8 = 6 \cdot 10^2 + 7 \cdot 10^1 + 8 \cdot 10^0$$

Costruiamo ora una matrice 5×4 (o indifferentemente 4×5 poichè la moltiplicazione gode della proprietà commutativa) in cui la prima riga e la prima colonna sono di supporto. Su queste andranno inseriti tutti i termini che compongono i numeri scritti in forma polinomiale:

	$2 \cdot 10^3$	$3 \cdot 10^2$	$4 \cdot 10^1$	$5 \cdot 10^0$
$6 \cdot 10^2$				
$7 \cdot 10^1$				
$8 \cdot 10^0$				

Eseguiamo ora le moltiplicazioni tra i termini posizionati sulla prima riga e quelli posizionati sulla prima colonna, sistemando il risultato nelle caselle risultanti dall'incrocio tra gli elementi :

	$2 \cdot 10^3$	$3 \cdot 10^2$	$4 \cdot 10^1$	$5 \cdot 10^0$
$6 \cdot 10^2$				
$7 \cdot 10^1$		$21 \cdot 10^3$		
$8 \cdot 10^0$				

Abbiamo effettuato la moltiplicazione:

$$(7 \cdot 10^1) \cdot (3 \cdot 10^2) = 21 \cdot 10^{1+2} = 21 \cdot 10^3$$

Poniamo l'attenzione sul fatto che $21 \cdot 10^3$ significa 21 migliaia, ovvero 2 decine di migliaia e un migliaio.

Riempiamo la matrice con tutti i risultati delle moltiplicazioni risultanti dall'incrocio tra i termini posizionati sulle righe e quelli sulle colonne. Otteniamo:

	$2 \cdot 10^3$	$3 \cdot 10^2$	$4 \cdot 10^1$	$5 \cdot 10^0$
$6 \cdot 10^2$	$12 \cdot 10^5$	$18 \cdot 10^4$	$24 \cdot 10^3$	$30 \cdot 10^2$
$7 \cdot 10^1$	$14 \cdot 10^4$	$21 \cdot 10^3$	$28 \cdot 10^2$	$35 \cdot 10^1$
$8 \cdot 10^0$	$16 \cdot 10^3$	$24 \cdot 10^2$	$32 \cdot 10^1$	$40 \cdot 10^0$

Osservando la matrice possiamo notare:

- l'elemento nella prima riga e prima colonna ci consente di calcolare l'ordine di grandezza del risultato: 10^5 equivale a 100 000, a cui dovremo aggiungere un'ulteriore posizione poiché tale numero è moltiplicato per 12: avremo quindi 12 seguito da 5 zeri, ovvero 1 200 000. Scrivendo il numero in notazione scientifica possiamo osservare che l'ordine di grandezza[8] è di 10^6, infatti:

$$1\,200\,000 = 1{,}2 \cdot 10^6$$

- il termine nell'ultima casella è la potenza più piccola di 10, ovvero 10^0, che indica le unità:

- Sulle diagonali secondarie troviamo potenze uguali di 10: possiamo quindi sommare tra loro i coefficienti delle potenze con lo stesso esponente (addizioniamo cioè unità con unità, decine con decine, centinaia con centinaia e così via). Nella matrice le potenze uguali di 10 sono state scritte con lo stesso colore.

---

[8] Vedi paragrafo 13.3

- Applicando la proprietà distributiva e calcolando l'importo cumulato (per ottenerlo si somma il risultato di ciascuna riga con il risultato della precedente) otteniamo:

Somme dei numeri con la stessa potenza di 10	Importo cumulato
$12 \cdot 10^5 = 1\,200\,000$	1 200 000
$(14 + 18) \cdot 10^4 = 32 \cdot 10^4 = 320000$	1 520 000
$(16 + 21 + 24) \cdot 10^3 = 61 \cdot 10^3$ $= 61000$	1 581 000
$(24 + 28 + 30) \cdot 10^2 = 82 \cdot 10^2 = 8200$	1 589 200
$(32 + 35) \cdot 10^1 = 67 \cdot 10^1 = 670$	1 589 870
$40 \cdot 10^0 = 40$	1 589 910

1.2.5 - PERCHÉ AMPLIAMO L'INSIEME $\mathbb{Z}$?

Abbiamo visto che l'esigenza fondamentale per ampliare $\mathbb{N}$ è stata quella di sottrarre qualsiasi coppia di numeri, che equivale a poter risolvere sempre equazioni del tipo:

$$x + m = n$$

Vogliamo ora trovare numeri attraverso i quali rendere sempre possibile l'operazione di divisione; in altre parole si tratta di trovare un insieme nel quale tutte le equazioni del tipo:

$$x \cdot m = n \quad (con\ m \neq 0)$$

ammettano soluzione. È a tale scopo che andremo ad introdurre nuovi numeri, gli interi relativi.

APPENDICE

È importante considerare che la cosiddetta REGOLA DEI SEGNI è CONSEGUENZA DELLA PROPRIETÀ DISTRIBUTIVA. Consideriamo un esempio numerico (con a fianco la generalizzazione) per comprenderne appieno il significato. Prendiamo un qualsiasi numero a (la proprietà vale per qualsiasi numero reale), ad esempio $a = 3$. Per le proprietà viste in precedenza si ha:

[1] $0 = 3 \cdot 0$ *in generale:* $0 = a \cdot 0$

Prendiamo ora in considerazione un altro numero, esempio $b = 6$. Considerando le proprietà viste in precedenza possiamo scrivere:

[2]$0 = 6 - 6 = 6 + (-6)$ *in generale:* $0 = b - b = b + (-b)$

Per la proprietà transitiva (se $a = b$ e $b = c$ allora $a = c$) poiché l'espressione [1] e [2] sono entrambe uguali a zero possiamo scrivere:

[3] $0 = 3 \cdot 0 = 3 \cdot [6 + (-6)]$
in generale: $0 = a \cdot 0 = a \cdot [b + (-b)]$

Applichiamo ora la proprietà distributiva:

[4] $0 = 3 \cdot 6 + 3 \cdot (-6)$ *in generale:* $0 = a \cdot b + a \cdot (-b)$

Per la proprietà riflessiva dell'uguaglianza:

[5] $3 \cdot 6 + 3 \cdot (-6) = 0$ *in generale:* $a \cdot b + a \cdot (-b) = 0$

Considerando che se due quantità hanno somma 0 allora sono opposte, segue:

[6] $3 \cdot 6 = -\big(3 \cdot (-6)\big) = -\big(-(3 \cdot 6)\big) = 18$

In generale:
$a \cdot b = -\big(a \cdot (-b)\big) = -\big(-(a \cdot b)\big) = a \cdot b$

da cui la "regola" $(+ = - \cdot -)$

Dalla uguaglianza [5] *possiamo anche dedurre le due relazioni:*

$a \cdot (-b) = -a \cdot b$ *da cui la "regola"* $(+ \cdot - = -)$

$(-a) \cdot b = -a \cdot b$ *da cui la "regola"* $(- \cdot + = -)$

1.3 - L'INSIEME ℚ, COSA È INDISPENSABILE CONOSCERE

Perché ampliare ulteriormente l'insieme ℤ? Certamente non è stata prioritaria la motivazione logico-matematica di risolvere equazioni. L'introduzione di nuovi numeri trova origine da esigenze di ordine pratico (ricordiamoci che le innovazioni matematiche derivano quasi sempre da problemi della vita reale!), ovvero superare l'inadeguatezza dei numeri interi nel misurare grandezze del mondo che ci circonda.

Molti problemi comportavano la divisione di quantità intere, e da qui hanno avuto origine le frazioni; è stato poi necessario un lungo periodo di tempo per comprendere il legame tra queste, numeri decimali e razionali.

Il successivo ampliamento dell'insieme numerico ℤ è stato quindi l'insieme dei razionali, che si ottiene introducendo nuovi numeri del tipo:

$$\mathbb{Q} = \{a/b \qquad \textbf{\textit{dove }} a, b \textbf{\textit{ sono numeri interi}}, b \neq 0\}$$

- **il rapporto tra due numeri interi** a e b è il risultato della divisione $a : b$ (a si definisce dividendo e b divisore)
- **la frazione** è un modo per scrivere il rapporto tra due numeri interi a e b. Si ha pertanto:

$$a : b = \frac{a}{b}$$

(a si definisce numeratore e b denominatore)

- **Frazioni equivalenti e numeri razionali**:
  due frazioni $\frac{a}{b}$ e $\frac{c}{d}$ si dicono equivalenti se e solo se

$$a \cdot d = c \cdot b$$

Due frazioni equivalenti, come per esempio $\dfrac{1}{2}$ e $\dfrac{2}{4}$ rappresentano lo stesso numero, ovvero 0,5. I numeri rappresentabili con frazioni si definiscono **numeri razionali.**

- Possiamo sempre convertire una frazione in numero razionale (eseguendo la divisione) e viceversa un numero razionale in frazione. Quando usare la scrittura decimale e quando quella frazionaria: non esiste una regola univoca, dipende dalle necessità!

- **Ordinamento:**

Dati due numeri razionali $\dfrac{a}{b}$ e $\dfrac{c}{d}$ si ha:

- *se* $a \cdot d < c \cdot b$ *allora* $\dfrac{a}{b} < \dfrac{c}{d}$

- *se* $a \cdot d > c \cdot b$ *allora* $\dfrac{a}{b} > \dfrac{c}{d}$

NB: Diamo per note le operazioni tra frazioni che verranno solo enunciate sinteticamente, e la conversione da frazioni a razionali e viceversa, in quanto tale argomento viene trattato ampiamente nella scuola secondaria di primo grado.

1.3.1 - COSA C'È DI NUOVO RISPETTO AGLI INSIEMI ℕ e ℤ

Vediamo ora quali sono le novità di cui tener conto nel nuovo insieme.

1.3.1.1 - L'ESISTENZA DELL'INVERSO

Nel nuovo insieme si verifica che per ogni numero $\dfrac{a}{b}$ esiste l'inverso (o reciproco) $\dfrac{b}{a}$ tale che il loro prodotto dà come risultato 1, ovvero l'elemento neutro dell'operazione di moltiplicazione:

$$\frac{a}{b} \cdot \frac{b}{a} = 1$$

I numeri interi risultano essere un sottoinsieme di $\mathbb{Q}$, basta infatti dividere ogni numero intero per 1 per ottenere una sua rappresentazione in $\mathbb{Q}$. Pertanto dato un numero a si ha:

$$a = \frac{a}{1} \quad ; \quad a \cdot \frac{1}{a} = 1$$

1.3.1.2 - L'ESPONENTE NEGATIVO

Indichiamo con la scrittura a^{-1} l'inverso (o reciproco) di a, ovvero:

$$a^{-1} = \frac{1}{a}$$

Qui entrano in gioco le potenze, di cui a breve rivedremo le proprietà.

1.3.1.3 - LA SOLUZIONE DELLE EQUAZIONI IN ℚ

In tale insieme è risolvibile qualsiasi equazione di primo grado, cioè del tipo:

$$mx + n = 0$$

Questo implica che possiamo sempre eseguire l'operazione di divisione. Il risultato di tale equazione sarà infatti $x = -\dfrac{n}{m}$

1.3.2- PROPRIETÀ DELLE POTENZE IN ℚ (COSA VARIA)

Ricordiamo, oltre a quelle viste in precedenza, ulteriori proprietà delle potenze:

PROPRIETÀ DELLE POTENZE IN Q	
Potenza di numeri razionali	$\left(\dfrac{a}{b}\right)^n = \dfrac{a^n}{b^n}$
Potenza con esponente negativo	$a^{-n} = \dfrac{1}{a^n}$
	$\left(\dfrac{a}{b}\right)^{-n} = \dfrac{1}{\left(\dfrac{b}{a}\right)^n} = \left(\dfrac{b}{a}\right)^n = \dfrac{b^n}{a^n}$

RIFLESSIONI SULL'ESPONENTE NEGATIVO

Un esponente negativo non significa che il risultato diventa negativo, (molti alunni commettono tale errore) ma indica che dobbiamo prendere l'inverso del numero elevato all'esponente positivo. In altre parole, un esponente negativo ci dice di dividere 1 per la potenza corrispondente con esponente positivo.

Pensiamo all'esponente negativo come un'indicazione per "spostare" il numero su cui viene applicato l'esponente al denominatore di una frazione che ha 1 come numeratore. Se abbiamo un esponente positivo, moltiplichiamo la base per se stessa; se abbiamo un esponente negativo, dividiamo 1 per quella potenza.

Confrontiamo un esponente positivo e uno negativo, sia nel caso di base intera sia frazionaria:

- $10^2 = 100$ (moltiplichiamo 10 per se stesso due volte)
- $10^{-2} = \dfrac{1}{10^2} = \dfrac{1}{100} = 0,01$ (dividiamo 1 per 10^2, ossia facciamo l'inverso di 10^2)

- $\left(\dfrac{1}{10}\right)^{-2} = \left(\dfrac{1}{\left(\frac{1}{10}\right)^2}\right) = 10^2$

- $\left(\dfrac{3}{4}\right)^{-2} = \left(\dfrac{1}{\left(\frac{3}{4}\right)^2}\right) = \left(\dfrac{4}{3}\right)^2 = \dfrac{4^2}{3^2}$

Punti Chiave per memorizzare:

- Un esponente negativo non cambia il segno della base. Esso **non rende il numero negativo.**

- Un esponente negativo indica che **stiamo prendendo l'inverso** della potenza corispondente.

- Un buon modo per ricordare è: **esponente negativo = inverso.**

1.3.3 - UN NUOVO MODO DI RAPPRESENTARE I NUMERI: LA NOTAZIONE SCIENTIFICA E UN NUOVO CONCETTO, L'ORDINE DI GRANDEZZA

La **notazione scientifica** è un sistema per scrivere numeri utilizzando le potenze di 10. Si utilizza per semplificare la scrittura di numeri molto grandi o molto piccoli. Tali numeri possono essere scritti nella forma:

$$N \cdot 10^n$$

dove:

-   N è un numero decimale (**coefficiente**), con un valore compreso tra 1 e 10

    $(1 \leq N < 10)$,

-   n è un **esponente** che indica quante volte si deve **moltiplicare** (se n è positivo) **o dividere** (se n è negativo) per 10.

La potenza di 10^n è detto ORDINE DI GRANDEZZA.

Come funziona la notazione scientifica

-   Se l'esponente n è positivo, stiamo rappresentando numeri "grandi", e il coefficiente viene moltiplicato per una potenza positiva di 10.
-   Se l'esponente n è negativo, stiamo rappresentando numeri "piccoli", e il coefficiente viene diviso per una potenza positiva di 10.

Esempi:

- Numero "grande": $123\,456 = 1{,}23456 \cdot 10^5$
- Numero "piccolo": $0{,}0011 = 1{,}1 \cdot 10^{-3}$

La procedura di conversione di un numero decimale in notazione scientifica è la seguente:

1. Spostiamo la virgola fino a ottenere un numero compreso tra 1 e 10 (questo sarà il coefficiente N).
2. Contiamo il numero di spostamenti che ha fatto la virgola:

- Se abbiamo spostato la virgola verso sinistra, l'esponente di 10 sarà positivo.
- Se abbiamo spostato la virgola verso destra, l'esponente di 10 sarà negativo.

Esempi di conversione:

Numero "grande": convertiamo 123 456
(ricorda che 123 456=123 456,0)

- Spostiamo la virgola 5 volte verso sinistra: otteniamo 1,23456
- Moltiplichiamo per una potenza di 10 pari al numero di spostamenti della virgola, ovvero 10^5
- Risultato: $1{,}23456 \cdot 10^5$

Numero "piccolo": convertiamo 0,0011

- Spostiamo la virgola 3 volte verso destra: otteniamo 1,1
- Moltiplichiamo per una potenza di 10 pari al numero di spostamenti della virgola, ovvero 10^{-3}
- Risultato: $0{,}0011 = 1{,}1 \cdot 10^{-3}$

(Ricordiamo che essendo $10^{-3} = \frac{1}{10^3} = \frac{1}{1.000} = 0,001$ e quindi $1,1 \cdot 0,001 = 0,0011$ in realtà stiamo dividendo!)

Procedura di conversione di un numero scritto in notazione scientifica a numero decimale:

1. **Identifichiamo il coefficiente** N e l'esponente n nella forma $N \cdot 10^n$
2. **Spostiamo la virgola del coefficiente N:**
- Se l'esponente n è **positivo**, spostiamo la virgola verso **destra** di n posizioni.
- Se l'esponente n è **negativo**, spostiamo la virgola verso **sinistra** di |n| posizioni (dove |n| indica il valore assoluto dell'esponente).
- **Completiamo con zeri** se necessario, aggiungendo zeri a destra o a sinistra del numero dopo aver spostato la virgola.

Esempio 1: Esponente positivo
Convertiamo $4,56 \cdot 10^3$

- Il coefficiente è 4.56 e l'esponente n=3
- Spostiamo la virgola di 3 posizioni a destra: 4.56→4 560

Risultato: $4,56 \cdot 10^3 = 4\ 560$

Esempio 2: Esponente negativo
Convertiamo $3,21 \cdot 10^{-4}$ in forma decimale:

- Il coefficiente è 3,2 e l'esponente n=−4
- Spostiamo la virgola di 4 posizioni a sinistra: 3.21→0.000321

Risultato: $3,21 \cdot 10^{-4} = 0,000321$

1.3.4 - COME CAMBIANO OPERAZIONI E PROPRIETÀ IN $\mathbb{Q}$

Andremo ora a vedere quali cambiamenti è necessario introdurre sulle operazioni per mantenere le proprietà che erano presenti negli insiemi precedenti, $\mathbb{N}$ e $\mathbb{Z}$.

1.3.4.1 - LA SOMMA ALGEBRICA IN $\mathbb{Q}$

Le stesse regole che valgono in $\mathbb{Z}$ per la somma algebrica restano valide anche in $\mathbb{Q}$, ma dobbiamo aggiungere nuove procedure a seconda della forma di rappresentazione dei numeri razionali, che ovviamente dipende dal tipo di problema che dobbiamo affrontare.

- SE I NUMERI SONO ESPRESSI COME FRAZIONI

Si applicano le seguenti procedure di calcolo:

- **Frazioni con lo stesso denominatore:**

$$\frac{a}{b} + \frac{c}{b} = \frac{a+c}{b}$$

cioè si lascia il denominatore comune e si sommano i numeratori con le regole della somma algebrica tra interi

- **Frazioni con denominatore diverso:** occorre prima ridurle a frazioni equivalenti con lo stesso denominatore, in quanto frazioni con denominatori diversi rappresentano quantità non omogenee che NON possono essere sommate. A tal fine operiamo come segue:

Se b e d sono primi tra loro:

43

$$\frac{a}{b} + \frac{c}{d} = \frac{a \cdot d + c \cdot b}{b \cdot d}$$

Se b e d non sono primi tra loro si calcola il loro minimo comune multiplo che diventerà il denominatore comune (si veda il capitolo 1.3.8 per l'algoritmo di calcolo). Detto e tale mcm si ha:

$$\frac{a}{b} + \frac{c}{d} = \frac{(e:b) \cdot a + (e:d) \cdot c}{e}$$

- SE I NUMERI SONO ESPRESSI IN FORMA DI DECIMALI LIMITATI[9]:

Utilizziamo la scrittura polinomiale, che ci sarà estremamente utile per il calcolo algebrico, mostrando direttamente un esempio:

$$0,4369 - 97,653 =$$

Riscriviamo i numeri in forma polinomiale, opportunamente incolonnati:

$$-9 \cdot 10^1 - 7 \cdot 10^0 - 6 \cdot 10^{-1} - 5 \cdot 10^{-2} - 3 \cdot 10^{-3} \qquad +$$
$$4 \cdot 10^{-1} + 3 \cdot 10^{-2} + 6 \cdot 10^{-3} + 9 \cdot 10^{-4} =$$

$$-9 \cdot 10^1 - 7 \cdot 10^0 - 2 \cdot 10^{-1} - 2 \cdot 10^{-2} + 3 \cdot 10^{-3} + 9 \cdot 10^{-4} =$$
$$-90 \quad - 7 \quad - 0,2 \quad - 0,02 \quad + 0,003 \quad + 0,0009 =$$

Sommando membro a membro otteniamo:

---

[9] Ovviamente se fossero decimali illimitati dovremo ricorrere al calcolo tra frazioni.

44

$$(-90 - 7) = -97$$
$$(-97 - 0{,}2) = -97{,}2$$
$$(-97{,}2 - 0{,}02) = -97{,}22$$
$$(-97{,}220 + 0{,}003 = -97{,}217$$
$$(-97{,}2170 + 0{,}0009) = -97{,}2161$$

Il procedimento, più lungo ma anche più semplice perché evita i riporti, serve soprattutto a prendere dimestichezza con le operazioni di somma algebrica tra potenze con lo stesso esponente, che saranno alla base dell'utilizzo del modello a matrice per il calcolo polinomiale.

1.3.4.2 - LA MOLTIPLICAZIONE IN ℚ: COSA CAMBIA

Per gli elementi di Q espressi sotto forma di frazione vale la regola:

$$\frac{a}{b} \cdot \frac{c}{d} = \frac{a \cdot c}{b \cdot d}$$

1.3.4.2.1 – IL MODELLO A MATRICE PER LA MOLTIPLICAZIONE IN Q

Abbiamo visto che esiste una corrispondenza tra frazioni e decimali:

$$\frac{1}{2} = \frac{2}{4} = \frac{3}{6} = \frac{4}{8} = \cdots = 0{,}5$$
$$0{,}5 = \frac{2}{4} = \frac{3}{6} = \frac{4}{8} = \cdots$$

quindi ci dedicheremo all'applicazione del modello a matrice per i numeri decimali finiti. Eseguiamo la moltiplicazione

$$23,45 \times 0,678$$

Scriviamo i numeri in forma polinomiale

$23,45 = 2 \cdot 10^1 + 3 \cdot 10^0 + 4 \cdot 10^{-1} + 5 \cdot 10^{-2}$
$0,678 = \qquad\qquad 6 \cdot 10^{-1} + 7 \cdot 10^{-2} + 8 \cdot 10^{-3}$

Riportiamo i numeri in una matrice 4×3, poiché abbiamo 4 cifre nel primo numero e 3 cifre significative nel secondo numero, ed eseguiamo tutte le moltiplicazioni tra i monomi sulle righe e quelli sulle colonne, analogamente a quanto visto in precedenza:

	$2 \cdot 10^1$	$3 \cdot 10^0$	$4 \cdot 10^{-1}$	$5 \cdot 10^{-2}$
$6 \cdot 10^{-1}$	$12 \cdot 10^0$	$18 \cdot 10^{-1}$	$24 \cdot 10^{-2}$	$30 \cdot 10^{-3}$
$7 \cdot 10^{-2}$	$14 \cdot 10^{-1}$	$21 \cdot 10^{-2}$	$28 \cdot 10^{-3}$	$35 \cdot 10^{-4}$
$8 \cdot 10^{-3}$	$16 \cdot 10^{-2}$	$24 \cdot 10^{-3}$	$32 \cdot 10^{-4}$	$40 \cdot 10^{-5}$

Osservando la matrice possiamo notare:

- analogamente a quanto visto in precedenza l'elemento nella seconda riga e seconda colonna (evidenziato in giallo) consente di determinare l'ordine di grandezza del risultato, ovvero $12 \cdot 10^0$, che sono 12 unità ovvero una decina e due unità. In notazione scientifica avremo:

$$12 \cdot 10^0 = 12 = 1,2 \cdot 10^1$$

- Sulle diagonali troviamo potenze uguali di 10: possiamo quindi sommare tra loro i coefficienti delle potenze con

46

lo stesso esponente. Applicando poi la proprietà distributiva otteniamo:

Somme dei numeri con la stessa potenza di 10	Importo cumulato
$12 \cdot 10^0 = 12$	12
$(14 + 18) \cdot 10^{-1} = 32 \cdot 10^{-1} = 3,2$	$15,2 = (12 + 3,2)$
$(16 + 21 + 24) \cdot 10^{-2} = 61 \cdot 10^{-2} = 0,61$	$15,81 = (15,2 + 0,61)$
$(24 + 28 + 30) \cdot 10^{-3} = 82 \cdot 10^{-3}$ $= 0,082$	$15,892 = (15,81 + 0,082)$
$(32 + 35) \cdot 10^{-4} = 67 \cdot 10^{1-4} = 0,0067$	$15,8987 = (15,89 + 0,0067)$
$40 \cdot 10^{-5} = 0,00040$	$15,89910 = (15,898$ $+ 0,00040)$

1.3.4.3 - LA DIVISIONE IN $\mathbb{Q}$

Questa è la vera novità dell'insieme $\mathbb{Q}$: rendere sempre possibile l'operazione di divisione. Come vedremo di fatto tale operazione viene sostituita dalla moltiplicazione con l'inverso, ovvero:

$$\frac{a}{b} : \frac{c}{d} = \frac{a}{b} \cdot \frac{d}{c} = \frac{a \cdot d}{b \cdot c}$$

1.3.4.3.1 - IL MODELLO A MATRICE PER LE DIVISIONI IN $\mathbb{Q}$

Passiamo ora alle divisioni, dando una spiegazione del metodo direttamente attraverso un esempio. Supponiamo di voler effettuare la seguente divisione:

$$3\,452 : 24$$

Ipotizziamo, per dare un significato concreto all'operazione di divisione, che il dividendo sia un importo in euro e il divisore sia il numero delle persone con cui dividere tale importo. Tale passaggio tramite un'esperienza concreta è fondamentale per imparare a vedere la divisione come una serie di sottrazioni ripetute.

Costruiamo una matrice con tante righe quante sono le cifre del divisore, più una iniziale di supporto che conterrà il risultato della divisione, e un numero non definito di colonne (in quanto arriveremo al risultato per approssimazioni successive; non metteremo un numero prestabilito di colonne, a differenza di quanto accade con la moltiplicazione). Avremo inoltre bisogno di predisporre, oltre alla matrice, un'area di lavoro per effettuare delle operazioni di supporto, ovvero le sottrazioni successive. Riportiamo sulle righe il divisore scritto in forma polinomiale

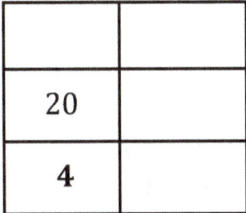

L'operazione 3 452 : 24 può essere approssimata calcolando 3 000 : 20 che farebbe 150, ma prenderemo 100 come approssimazione (cerchiamo numeri "facili" per fare calcoli rapidamente).

Area di lavoro

Approssimazioni	Resto
3452 : 24 ≃ 3.000 : 20 ≃ 100	

Facendo il parallelo con l'esempio monetario, daremo quindi una banconota da 100 ad ognuna delle 24 persone. Riportiamo tale informazione nella matrice scrivendo 100 nella seconda colonna. Con il sistema di calcolo visto in precedenza (moltiplicazione degli elementi di riga e colonna) otteniamo (abbiamo aggiunto una riga finale per calcolare il totale):

	100	
20	2 000	
4	400	
Tot	**2 400**	

Risulta quindi che abbiamo distribuito 2 400 euro. Torniamo all'area di lavoro e valutiamo quanto resta da dividere.

Area di lavoro

Approssimazioni	Resto
$3\,452 : 24 \simeq 3\,000 : 20 \simeq 100$	$3\,452 - 2\,400 = 1\,052$

Restano da dividere 1 052 euro. Possiamo approssimare tale cifra con 1 000, e lasciamo sempre 20 come approssimazione del divisore.
Calcoliamo quindi $1\,000 : 20 = 50$, che è ovviamente troppo elevato avendo in realtà 24 persone: infatti $24 \cdot 50 = 1\,200$, che supera l'importo che abbiamo a disposizione, quindi approssimiamo il risultato della divisione con 40.

Area di lavoro

Approssimazioni	Resto
$3\,452 : 24 \simeq 3\,000 : 20 \simeq 100$	$3\,452 - 2\,400 = 1\,052$
$1\,052 : 24 \simeq 1\,000 : 20 \simeq 40$	

Riportiamo tale valore sulla seconda colonna ed eseguiamo le moltiplicazioni:

50

	100	40
20	2 000	800
4	400	160
Tot	2 400	960

Abbiamo quindi distribuito ulteriori **960** euro dei 1 052 che erano rimasti. Facciamo un'ulteriore sottrazione per valutare il resto:

Area di lavoro

Approssimazioni	Resto
$3\,452 : 24 \simeq 3\,000 : 20 \simeq 100$	$3\,452 - 2\,400 = 1\,052$
$1\,052 : 24 \simeq 1\,000 : 20 \simeq 40$	$1\,052 - 960 = 92$

Stimiamo ora la cifra successiva calcolando $90 : 20$, che approssimiamo con 3, poiché se prendessimo 4 andremmo oltre l'importo che abbiamo a disposizione.

Area di lavoro

Approssimazioni	Resto
$3\,452 : 24 \simeq 3\,000 : 20 \simeq 100$	$3\,452 - 2\,400 = 1\,052$
$1\,052 : 24 \simeq 1\,000 : 20 \simeq 40$	$1\,052 - 960 = 92$
$92 : 24 \simeq 90 : 20 \simeq 3$	

Riportiamo tale numero in una ulteriore colonna:

	100	40	3
20	2 000	800	60
4	400	160	12
Tot	2 400	960	72

Calcoliamo il resto utilizzando l'area di lavoro:

Area di lavoro

Approssimazioni	Resto
$3\,452 : 24 \simeq 3\,000 : 20 \simeq 100$	$3\,452 - 2\,400 = 1\,052$
$1\,052 : 24 \simeq 1\,000 : 20 \simeq 40$	$1\,052 - 960 = 92$
$92 : 24 \simeq 90 : 20 \simeq 3$	$92 - 72 = 20$

La cifra da distribuire è ora inferiore al numero delle persone: dovremo quindi cambiare 20 euro in monete da 10 centesimi (la decima parte di un euro) se vogliamo continuare la divisione. Entriamo quindi nella parte decimale del calcolo, avendo finito la parte intera.

Al momento possiamo scrivere:

$$3\,452 : 24 = 100 + 40 + 3 + \cdots \qquad (parte\ decimale)$$

Torniamo quindi ai nostri 20 euro che vogliamo scambiare in monete da 10 centesimi. Ne otterremo 200 che dobbiamo dividere tra 24 persone.

Ricorriamo alla solita approssimazione della divisione $200:20$ prendendo il numero 8 per evitare di superare l'importo:

Area di lavoro (parte decimale)

Approssimazioni	Resto
$200 : 24 \simeq 200 : 20 \simeq 8$	

Inseriamo 8 nella matrice ed eseguiamo le moltiplicazione:

	100	40	3	8
20	2.000	800	60	160
4	400	160	12	32
Tot	2.400	960	72	192

Calcoliamo il resto:

Area di lavoro (parte decimale)

Approssimazioni	Resto
$200 : 24 \simeq 200 : 20 \simeq 8$	$200 - 192 = 8$

Delle 200 monete ne restano ora 8, che possiamo ulteriormente cambiare in monete da 1 centesimo, ottenendo 80 centesimi; procediamo con la divisione, approssimando il risultato di $80:20$ a 3, per non superare l'importo a disposizione.

Approssimazioni	Resto
200 : 24 ≃ 200 : 20 ≃ 8 (decimi)	200 − 192 = 8
80 : 24 ≃ 80 : 20 ≃ 3 (centesimi)	

Inseriamo tale valore nella matrice:

	100	40	3	8	3
20	2000	800	60	160	60
4	400	160	12	32	12
Tot	2.400	960	72	192	72

Calcoliamo il resto:

Approssimazioni	Resto
200 : 24 ≃ 200 : 20 ≃ 8 (decimi)	200 − 192 = 8
80 : 24 ≃ 80 : 20 ≃ 3 (centesimi)	80 − 72 = 8

A questo punto ci rendiamo facilmente conto che siamo entrati in una situazione che andrà a ripetersi all'infinito, nel caso decidessimo di effettuare ulteriori cambi con monete virtuali sempre più piccole.

Il risultato finale della nostra divisione è quindi:

$$3\,452 : 24 = 143,8\overline{3}$$

dove il simbolo $\overline{3}$ rappresenta la cifra che si ripete, ovvero il periodo.

1.3.4.3.2 - DIVISIONI TRA NUMERI DECIMALI COMPRESI TRA 0 E 1

Vediamo come effettuare la divisione tra numeri decimali compresi tra 0 e 1. possiamo agevolmente utilizzare il modello moltiplicandoli per una opportuna potenza di 10, sfruttando la "proprietà" invariantiva[10].
Supponiamo di voler calcolare

$$0,0024 : 0,36$$

moltiplichiamo in questo caso sia il dividendo che il divisore per 10 000 ovvero 10^4, al fine di mantenere le sole cifre significative, ottenendo la divisione equivalente:

$$24 : 3\,600$$

che tratteremo come visto sopra.

---

[10] V. appendice

1.3.5 - SBAGLIANDO SI IMPARA: COSA POSSIAMO APPRENDERE DAGLI ERRORI DEGLI STUDENTI

- ### ERRORI NELLE OPERAZIONI TRA FRAZIONI E STRANI EFFETTI DELLA MOLTIPLICAZIONE E DIVISIONE

Una delle questioni che lascia spesso gli studenti stupefatti è che le operazioni di moltiplicazione e divisione tra interi e frazioni proprie, ovvero comprese tra 0 e 1, perdano l'usuale effetto rispettivamente di ingrandimento e rimpicciolimento del numero di partenza.

Taluni di loro rimangono basiti, affermando talvolta che la calcolatrice non funziona, quando a seguito della divisione di un numero intero per un numero compreso tra 0 e 1 ottengono un risultato maggiore del dividendo, o moltiplicando un intero per un numero compreso tra 0 e 1 ottengo un risultato inferiore al numero iniziale... Questo accade soprattutto quando l'operazione non è contestualizzata all'interno di un problema.

I ragazzi dovrebbero invece essere educati a prendere consapevolezza dell'effetto che si ottiene dividendo un intero per una frazione propria, ovvero di "ingrandimento" del numero di partenza, attraverso opportune attività di manipolazioni (che dovrebbero essere svolte nella scuola secondaria di primo grado...)

Dividere 1 per 0,1 equivale a suddividere l'intero in pezzi più piccoli da 0,1 e contare quanti pezzi si ottengono. Si può far riferimento alla divisione delle monete per rendersene facilmente conto.

Di solito viene solo presentata, e molto in fretta, la proprietà invariantiva[11] secondo la quale:

---

[11] V. appendice

$$1 : 0{,}1 = (1 \cdot 10) : (0{,}1 \cdot 10) = 10 : 1 = 10$$

Vista solo sul piano formale tale proprietà tende ad essere dimenticata velocemente...

Altresì, ricordando che la moltiplicazione in $\mathbb{Q}$ è di fatto una divisione con l'inverso, quando moltiplichiamo un intero per una frazione propria ci si trova in presenza di una divisione, e quindi si ha un effetto di "rimpicciolimento" del numero di partenza. Potremmo ragionare su un esempio concreto: applicare uno sconto del 10% ad un certo prodotto significa togliere dal prezzo iniziale una quantità pari a $\frac{10}{100} = \frac{1}{10} = 0{,}1$ (un decimo del prezzo iniziale) quindi se moltiplichiamo il prezzo iniziale per tale numero otterremo l'importo da scontare, che è un numero inferiore... Se il prezzo iniziale fosse ad esempio 40 avremmo:

$$40 \cdot 0{,}1 = 40 \cdot \frac{1}{10} = \frac{40}{10} = 4$$

Ovviamente il risultato sarebbe concettualmente analogo per qualsiasi frazione propria.

-L'ESPONENTE NEGATIVO

Molto spesso gli studenti confondono il ruolo dell'esponente negativo attribuendo il segno (–) alla base, ottenendo in tal modo un numero negativo: accade quindi spesso di vedere errori del tipo:

$$3^{-2} = -3^2$$

Purtroppo non riescono ad associare al segno (−) nel ruolo di esponente quello di indicare l'elemento inverso a quello dato, elevato alla potenza indicata, e quindi lo scambio di ruolo tra numeratore e denominatore, lasciando la base con il segno che ha.

$$3^{-2} = \frac{1}{3^2}$$

-...E ANCORA TANTI ALTRI FRAINTENDIMENTI

È molto frequente imbattersi in studenti che ancora nella scuola superiore fanno affermazioni del tipo:

"ma 2 meno 3 non si può fare!" (con buona pace dei numeri interi...) oppure:

"ma 2 diviso 3 non si può fare!" (con buona pace dei numeri razionali...)

Queste affermazioni rendono palese la mancata comprensione di numeri e operazioni nei vari insiemi numerici. È come se per molti studenti il mondo rimanesse fermo ai numeri naturali e tantissimi errori e misconcezioni hanno origine proprio dal mancato apprendimento del funzionamento delle operazioni nei nuovi insiemi che vengono via via introdotti. Purtroppo è prassi comune addebitare agli studenti errori che sono indotti a fare a causa del modo di presentare la matematica: proprio la riflessione generale sugli errori degli studenti potrebbe aiutare i docenti a capire come si dovrebbe modificare il modo di proporre i vari argomenti.

1.3.6 - ALTRI STRUMENTI UTILI NEL CALCOLO ARITMETICO

Pur non essendo strettamente correlato al modello a matrice, l'algoritmo di seguito proposto si rivela estremamente utile nel calcolo del minimo comune multiplo o massimo comune divisore, necessari per il calcolo con le frazioni e in seguito per il calcolo polinomiale

1.3.6.1 - SCOMPOSIZIONE IN FATTORI, MINIMO COMUNE MULTIPLO E MASSIMO COMUNE DIVISORE: DEFINIZIONI E CALCOLO

Prima di illustrare un algoritmo che ci consente di fare simultaneamente le tre azioni, diamo alcune definizioni preliminari.

Definizione di numero primo: numero intero maggiore di 1 che ammette solo due divisori, cioè 1 e sé stesso. Questa proprietà va sotto il nome di irriducibilità.

Perchè sono importanti? Perchè sono a fondamento di tutti gli altri numeri (una analogia potrebbe essere la tavola degli elementi in chimica) come afferma il **teorema fondamentale dell'aritmetica:**

ogni numero naturale maggiore di 1 o è un numero primo o si può esprimere come prodotto di numeri primi. Tale rappresentazione è unica, se si prescinde dall'ordine in cui compaiono i fattori.

Definizione di numero composto: sono i numeri che non sono primi, ovvero che ammettono almeno un altro divisore oltre 1 e sé stessi

1.3.6.1.1 - LA SCOMPOSIZIONE DI UN NUMERO IN FATTORI PRIMI

Scomporre un numero in fattori significa trovare una moltiplicazione tra numeri primi che dia come risultato il numero dato. La scomposizione di un numero in fattori serve principalmente per calcolare minimo comune multiplo e massimo comune divisore di due o più numeri. Vediamo ora cosa sono e a cosa servono.

1.3.6.1.2 - MINIMO COMUNE MULTIPLO E MASSIMO COMUNE DIVISORE

I concetti di **minimo comune multiplo (mcm)** e **Massimo Comune Divisore (MCD)** si traducono per lo studente in uno sforzo di memorizzazione della regola di calcolo, che viene imparata senza comprendere a fondo cosa si stia facendo e quindi dimenticata con grande rapidità. Si tende a confonderli, a non comprendere perché devono essere appresi, a non sapere quando usare l'uno piuttosto che l'altro.

La terminologia e anche la simbologia di certo non aiutano: con il termine Massimo Comune Divisore si induce in errore l'alunno, soprattutto nella fascia di età della secondaria di primo grado, che confonde il concetto di "massimo" con quello di "grande". Per ragioni analoghe, si confonde il concetto di "minimo" con quello di "piccolo" relativamente al minimo comune multiplo.

Per tali ragioni, l'alunno è portato a pensare che il MCD debba essere più grande del mcm. Come ben sappiamo in realtà il MCD risulta essere "piccolo" rispetto ai numeri dati, dovendo essere contenuto in ciascuno di loro, ed è certamente minore di ciascuno di essi (al massimo uguale a uno di loro). Se i numeri sono primi tra loro è 1.

Viceversa il mcm, dovendo contenere tutti i numeri dati, può essere molto più grande di ciascuno di essi (al minimo uguale a uno di loro). Se i numeri sono primi tra loro, è dato dalla moltiplicazione di tutti i numeri dati.

La stessa scrittura dei due termini in minuscolo e maiuscolo induce a commettere tale errore.

Sarebbe forse più semplice rinominarli Divisore Comune più Grande, cioè il numero più grande che divide tutti i numeri dati, e Multiplo Comune più Piccolo, ovvero il più piccolo numero divisibile per tutti i numeri dati

Quando utilizzarli:

- **Massimo Comune Divisore:** lo utilizziamo principalmente per ridurre ai minimi termini una frazione, nel calcolo dei radicali, e nel calcolo polinomiale per le scomposizioni; per problemi di suddivisione di quantità in parti intere della massima grandezza possibile.

- **minimo comune multiplo:** serve quando bisogna effettuare la somma algebrica tra frazioni. È necessario per calcolare il denominatore comune tra le frazioni (trovare frazioni equivalenti a quelle date con lo stesso denominatore), per valutare quando fenomeni che si ripetono con periodicità diverse manifestano contemporaneità.

Come si calcolano:

Massimo Comune Divisore:

1. scomporre i numeri dati in fattori primi;
2. selezionare solo i **fattori comuni** con l'**esponente più piccolo**;
3. moltiplicare fra loro i fattori selezionati.

61

minimo comune multiplo:

1. scomporre i numeri dati in fattori primi;
2. selezionare i **fattori comuni e non comuni** prendendoli una sola volta e con l'**esponente più grande**;
3. moltiplicare fra loro i fattori selezionati.

È di fondamentale importanza comprendere il significato di MCD e mcm, perché saranno utili anche nel calcolo polinomiale.

1.3.7 - ALGORITMO DI CALCOLO PER SCOMPOSIZIONI, MCD e mcm

Vediamo ora come possiamo affrontare simultaneamente scomposizioni e calcolo di mcm e MCD tra numeri, proponendo un esempio per spiegare il metodo.

Calcoliamo mcm e MCD tra i numeri $48, 60, 72$. Costruiamo lo schema:

24	36	54	2

in cui abbiamo riportato i tre numeri affiancati. Nell'ultima colonna scriviamo il primo numero primo per il quale risulta divisibile almeno uno dei numeri dati, cioè 2. Riscriviamo poi nella linea sottostante il risultato della divisione dei numeri divisibili per 2, gli altri vengono semplicemente trascritti nella linea sottostante. Evidenziamo i numeri che è stato possibile dividere per 2: risulta evidente che tale numero è un fattore comune.

(24)	(36)	(54)	2
12	18	27	

Ci sono ancora numeri divisibili per 2:

(24)	(36)	(54)	2
12	18	27	2

I numeri che abbiamo potuto dividere per due sono stati scritti in rosso.

Continuiamo a dividere per 2 fino a che è possibile, riscrivendo nella linea sottostante i numeri che non sono divisibili, evidenziando quelli sui quali è stato possibile effettuare la divisione:

(24)	(36)	(54)	2
(12)	(18)	27	2
(6)	9	27	2
3	9	27	3

Quando terminiamo le divisioni per 2, passiamo al numero primo successivo, ed eseguiamo le divisioni per 3:

24	36	54	2
12	18	27	2
6	9	27	2
3	9	27	3
1	3	9	3
	1	3	3
		1	

L'algoritmo si conclude quando si ottiene 1 come risultato in fondo alla colonna di ciascun numero.

Dallo schema possiamo ricavare:

- il mcm che è dato dalla moltiplicazione di tutti i numeri primi che appaiono nell'ultima colonna, ovvero:

$$\text{mcm} = 2^3 \cdot 3^3$$

- il MCD è dato dalla moltiplicazione tra i numeri primi per cui siamo riusciti a dividere simultaneamente i numeri dati. Avendo utilizzato colori diversi per indicare ciascun numero primo e avendo contrassegnato con tale colore i numeri che potevano essere divisi per tale numero, possiamo osservare che è stata possibile una divisione simultanea per 2 e per 3, quindi in MCD sarà:

$$\text{MCD} = 2 \cdot 3$$

- La scomposizione di ciascun numero in fattori: basta riscrivere la moltiplicazione tra i numeri primi usati per dividerlo

$$24 = 2^3 \cdot 3$$
$$36 = 2^2 \cdot 3^2$$
$$54 = 2 \cdot 3^3$$

È facile verificare che questo corrisponde alla regola vista precedentemente.

Il metodo illustrato può applicarsi anche al calcolo polinomiale.

APPENDICE - SULLA PROPRIETÀ INVARIANTIVA DELLA DIVISIONE

Ci chiediamo se sia necessario introdurre la proprietà invariantiva delle divisioni, che afferma: In una divisione, se dividiamo o moltiplichiamo dividendo e divisore per la stessa quantità, il risultato finale non cambia, quando basterebbe fare le seguenti considerazioni:

Per la proprietà delle potenze risulta:

$$(a \cdot b)^{-1} = a^{-1} \cdot b^{-1}$$

quindi:

$$\frac{ak}{bk} = ak \cdot \frac{1}{bk} = ak \cdot (bk)^{-1} = ak \cdot (k)^{-1} \cdot (b)^{-1} = a(b)^{-1} = \frac{a}{b}$$

(ricordando che $k \cdot (k)^{-1} = \dfrac{k}{k} = 1$)

D'altro canto abbiamo già visto che dalla relazione di equivalenza:

$$\frac{a}{b} = \frac{c}{d} \qquad \text{se e solo se} \qquad ad = cb$$

per cui è immediato concludere, moltiplicando a croce, che:

$$\frac{ak}{bk} = \frac{a}{b} \qquad (akb = bka)$$

Analogamente si può mostrare perché le due divisioni $a:b$ e $(ak):(bk)$, con a, b, $k \in \mathbb{N}$, danno luogo allo stesso numero decimale. Infatti se:

$$a = bq + r$$

con r < b, (q e r esistono e sono unici) allora

$$ka = (kb)q + kr$$

con kr < kb: il quoziente tra a e b è lo stesso che tra ka e kb, quindi le cifre decimali, che sono i successivi quozienti parziali delle due divisioni, sono uguali.

2 - APPLICAZIONI ALL'ALGEBRA

Il passaggio dal mondo dei numeri a quello delle lettere rappresenta comunemente un trauma per il giovane allievo, già a partire dalla scuola secondaria di primo grado, perché non riesce a dare significato a ciò che gli viene richiesto: finora ha operato con i numeri, gli è stato insegnato a eseguire calcoli o risolvere problemi con dati numerici. Il segno di uguale ha sempre e solo avuto il significato di esecuzione di operazioni.

Lo sforzo di astrazione richiesto quando vengono introdotte le lettere (spesso senza specificare che ruolo svolgono) è enorme, e privo di un sufficiente numero di esempi tratti dalle esperienze di vita reale; si determinano pertanto blocchi mentali molto difficili da sciogliere. Cerchiamo ora di vedere un possibile approccio che cerchi di tener conto delle difficoltà degli allievi.

Ciò che a scuola viene definito "algebra" è generalmente il calcolo letterale, o algebrico; purtroppo c'è ancora molta enfasi su quest'ultimo e troppa poca sulle **strutture algebriche**, ma questo tema - molto dibattuto nell'ambito della didattica della matematica, esula dagli scopi che questo manuale si prefigge[12].

Chiamiamo quindi **calcolo algebrico** l'insieme di operazioni che verranno eseguite su simboli, ovvero le lettere, che rappresentano numeri.

Perché si utilizza l'algebra? Perché rappresenta un linguaggio potente che ci consente di:

---

[12] In bibliografia è presente molto materiale al quale fare riferimento per approfondire l'argomento.

- **esprimere proprietà delle operazioni:** per esempio, la proprietà commutativa dell'addizione può essere espressa nel seguente modo

$$a + b = b + a$$

- **generalizzare regolarità osservate su casi particolari e dimostrare che tale generalizzazione sia corretta**: per esempio possiamo osservare

$2 + 2^2 = 6$ (numero pari)
$3 + 3^3 = 12$ (numero pari)
$4 + 4^2 = 20$ (numero pari)
$5 + 5^2 = 30$ (numero pari)
......

Possiamo dimostrare che in generale $n + n^2$ è un numero pari.

- **costruire modelli e risolvere problemi:**
  ad esempio, le formule geometriche contengono lettere, così come le leggi della fisica e di molte altre discipline scientifiche. Possiamo risolvere intere classi di problemi facendo riferimento al linguaggio algebrico.

2.1 - CALCOLO LETTERALE: COSA DOBBIAMO SAPERE PER PADRONEGGIARLO

I concetti fondamentali, alla base del calcolo letterale, sono :
- la proprietà distributiva della moltiplicazione rispetto all'addizione, ovvero:

$$A(B + C) = AB + AC$$
letta soprattutto da destra verso sinistra:
$$AB + BC = A(B + C)$$

- le proprietà delle potenze

Gli oggetti fondamentali del calcolo letterale sono i polinomi.

2.1.1 - QUALCHE DEFINIZIONE[13]

Per iniziare a lavorare abbiamo bisogno di fornire qualche definizione:

2.1.1.1 - POLINOMI

- Numeri e lettere sono polinomi
- Se P e Q sono polinomi, allora anche $P + Q$ e $P \cdot Q$ sono polinomi
- Nient'altro è un polinomio

La forma più semplice di polinomio è il monomio.

---

[13] Impedovo, M. (2014), *Matematica dappertutto vol. A*, libro di testo per il primo biennio della scuola secondaria di II grado, Zanichelli

71

2.1.1.2 - MONOMI

- Numeri e lettere sono monomi
- Se P e Q sono monomi, allora anche $P \cdot Q$ è un monomio
- Nient'altro è un monomio

- MONOMI SIMILI

Sono monomi che hanno la parte letterale uguale

2.1.1.3 - FORMA NORMALE O STANDARD DI MONOMI E POLINOMI

I monomi, scritti nella forma definita normale o standard, sono prodotti tra un unico numero (coefficiente) e potenze di lettere aventi tutte basi diverse tra loro.

I polinomi, scritti nella forma definita normale o standard, sono formati dalla somma algebrica di monomi scritti in forma standard e a due a due non simili.

2.1.1.4 - GRADO DI UN POLINOMIO RISPETTO A UNA LETTERA

In un polinomio scritto in forma standard il grado rispetto ad una lettera è il massimo esponente con cui compare quella lettera nel polinomio.

2.1.1.5 - GRADO COMPLESSIVO DI UN POLINOMIO

Dato un polinomio ridotto a forma normale il suo GRADO COMPLESSIVO è il maggiore tra i gradi dei singoli monomi che compongono il polinomio stesso.

2.1.1.6 - PROPRIETÀ DELL'ADDIZIONE E MOLTIPLICAZIONE TRA POLINOMI

Per i polinomi con coefficienti in $\mathbb{Q}$ valgono le stesse regole viste per i numeri razionali, ovvero:

- Proprietà commutativa dell'addizione
- Proprietà commutativa della moltiplicazione
- Proprietà associativa dell'addizione
- Proprietà associativa della moltiplicazione
- Esistenza dell'elemento neutro per l'addizione
- Esistenza dell'elemento neutro per la moltiplicazione
- Esistenza dell'opposto
- Proprietà distributiva della moltiplicazione rispetto all'addizione

Le proprietà delle operazioni tra polinomi e le proprietà delle potenze consentono di eseguire addizioni e moltiplicazioni tra polinomi.

2.2 - ADDIZIONE E MOLTIPLICAZIONE TRA POLINOMI

Si consiglia di introdurre direttamente il calcolo tra polinomi e vedere le operazioni su questi: le regole di calcolo tra i singoli termini del polinomio (ovvero i monomi) possono essere dedotte da quelle apprese tra i numeri scritti in notazione polinomiale.

Sarebbe bene sottolineare che i termini di un polinomio, identificati con lettere, rappresentano variabili (o indeterminate). Una volta assegnato un dato valore alla variabile diventeranno numeri. Proporre esercizi di valutazione del valore del polinomio attribuendo più numeri alla variabile agevolerebbe la comprensione anche di argomenti futuri, quando verranno trattate le funzioni polinomiali o le frazioni algebriche.

Come abbiamo già visto nel caso delle operazioni tra numeri espressi in notazione polinomiale, è possibile sommare tra loro solo i termini con la stessa potenza della base di riferimento; analogamente per la somma algebrica tra polinomi possiamo sommare tra loro solo i termini (monomi) simili.

Regola operativa: la somma algebrica di due o più monomi simili è un monomio simile a quelli dati, che ha per coefficiente la somma algebrica dei coefficienti. Se i monomi non sono simili la somma algebrica non può essere eseguita.

Esempio:

$3a - 5a = -2a$

$3x + 2x^2$ non si può fare! (un errore frequentemente commesso è scrivere come risultato $5x^3$)

2.2.1 - IL MODELLO A MATRICE PER LA MOLTIPLICAZIONE TRA POLINOMI

Per illustrare il modello partiamo come al solito con un esempio. Eseguiamo la moltiplicazione:

$$(3a^2 + 2b)(-4a^2 - b + 3c)$$

Prepariamo una matrice 3×4 di cui la prima riga e prima colonna sono di supporto. Collochiamo ciascun termine del primo polinomio sulla prima riga e ciascun termine del secondo polinomio sulla prima colonna (o viceversa, è indifferente in quanto la moltiplicazione gode della proprietà commutativa).

Eseguiamo poi le moltiplicazioni come visto nel caso numerico:

	$-4a^2$	$-b$	$3c$
$3a^2$	$-12a^4$	$-3a^2b$	$9a^2c$
$2b$	$-8a^2b$	$-2b^2$	$6bc$

Il risultato della moltiplicazione è il polinomio dato dalla somma tra i termini all'interno della matrice. Se ci sono termini simili (che sono stati evidenziati in rosso) questi vanno sommati tra loro:

$(3a^2 + 2b)(-4a^2 - b + 3c) =$
$-12a^4 - 3a^2b + 9a^2c - 8a^2b - 2b^2 + 6bc =$
$-12a^4 - a^2b(3+8) + 9a^2c - 2b^2 + 6bc =$
$-12a^4 - 11a^2b + 9a^2c - 2b^2 + 6bc$

Nel caso della moltiplicazione tra più di due polinomi si reitera il procedimento: prima si moltiplicano i primi due e successivamente il risultato verrà moltiplicato per il terzo e così via.

Il passaggio al calcolo sui prodotti notevoli risulterà estremamente semplice. Per migliorare ulteriormente la comprensione potrà essere affiancato anche da illustrazioni geometriche.

2.2.1.1 - I PRODOTTI NOTEVOLI, MOLTIPLICAZIONI PARTICOLARI

I matematici hanno notato specifiche **forme e schemi** che emergono regolarmente quando certi monomi e polinomi vengono moltiplicati insieme.

Riconoscendo questi schemi, è stato possibile formulare regole generali per questi prodotti particolari, che sono stati denominati **PRODOTTI NOTEVOLI,** permettendo di ottenere rapidamente un risultato senza dover eseguire ogni singolo passo della moltiplicazione.

Vediamo quindi ora come si è arrivati a formulare le regole relative a ciascun prodotto notevole, cercando di comprendere **PERCHÈ** si è arrivati alla regola. Attraverso il modello a matrice e la rappresentazione geometrica è sicuramente più semplice ricostruire la regola senza dover fare solo appello alla memoria.

2.2.1.2 - SOMMA PER DIFFERENZA

Si può facilmente mostrare come moltiplicando tra di loro polinomi del tipo:

$(A + B)(A - B)$ (ovvero una somma di elementi che moltiplica la differenza tra gli stessi) si ottiene come risultato un polinomio dato dalla differenza tra il quadrato del primo monomio e il quadrato del secondo monomio, ovvero $(A^2 - B^2)$. Riassumendo:

$$(A + B)(A - B) = (A^2 - B^2)$$

Vediamo un esempio, costruendo l'usuale matrice. Calcoliamo:

$$(a^2 + 5b)(a^2 - 5b) =$$

	a^2	$5b$
a^2	a^4	$5a^2b$
$-5b$	$-5a^2b$	$-25b^2$

Facendo la somma algebrica dei termini all'interno della matrice vediamo che resta solo la differenza tra i due termini elevata al quadrato, da cui deriva la regola vista sopra.

$$(a^2 + 5b)(a^2 - 5b) = (a^4 - 25b^2)$$

Vediamo anche la rappresentazione geometrica di questo prodotto notevole, che ben si presta ad illustrare il modello a matrice:

Fig. 1[14]

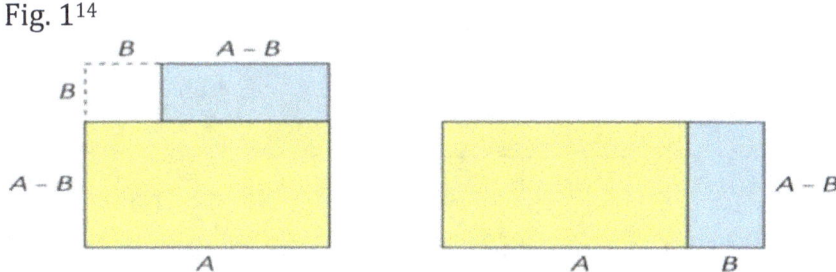

REGOLA GENERALE: $(A + B)(A - B) = (A^2 - B^2)$

Il polinomio risultante è costituito dalla differenza tra i quadrati dei due termini, ovvero:
- quadrato del primo termine (ha sempre segno positivo)
- quadrato del secondo termine (è sempre preceduto dal segno meno)

---

[14] Immagine tratta da:
https://matematichiamoblog.wordpress.com/2020/02/09/somma-di-due-monomi-per-la-loro-differenza/

2.2.1.3 - QUADRATO DEL BINOMIO

Un altro prodotto notevole è il **quadrato di un binomio**. Per eseguire questa potenza dobbiamo ricordarci che "elevare alla seconda" vuol dire moltiplicare un numero per se stesso 2 volte. E questo vale anche per il calcolo algebrico, cioè sui polinomi. Vediamo ora come calcolare il quadrato di un binomio, partendo sempre da un esempio.

Calcoliamo $(a^2 - 5b)^2 = (a^2 - 5b) \cdot (a^2 - 5b)$

Utilizziamo il modello a matrice:

	a^2	$-5b$
a^2	a^4	$-5a^2b$
$-5b$	$-5a^2b$	$25b^2$

Possiamo osservare che sulla diagonale secondaria questa volta abbiamo due termini identici, che possono essere sommati tra loro: il risultato risulta essere il doppio prodotto del primo termine per il secondo termine.

Il risultato finale si ricava sommando algebricamente tutti i termini all'interno della matrice:

$$(a^2 - 5b)^2 = (a^2 - 5b) \cdot (a^2 - 5b) = a^4 - 10a^2b + 25b^2$$

Vediamo anche la rappresentazione geometrica, che ben si presta ad illustrare il modello a matrice:

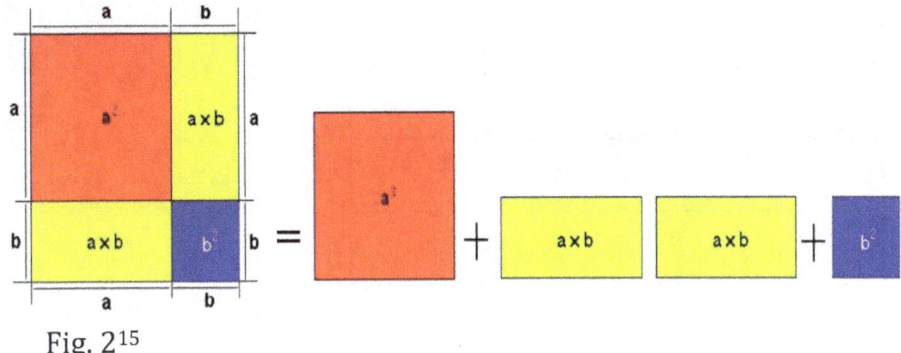

Fig. 2[15]

REGOLA GENERALE: $(A + B)^2 = (A^2 + B^2 + 2AB) =$

Il polinomio risultante è costituito da:
- quadrato del primo termine
- quadrato del secondo termine
- doppio prodotto dei due termini (segno + se concordi, segno - se discordi)

2.2.1.4 - QUADRATO DI UN TRINOMIO

Analizziamo ora il quadrato di un trinomio, utilizzando al solito il modello a matrice. Calcoliamo:

$$(2x - 3y - z)^2 = (2x - 3y - z) \cdot (2x - 3y - z)$$

Costruiamo la matrice sulla quale andremo a collocare, nella riga e colonna di intestazione, i due trinomi, ed eseguiamo le moltiplicazioni:

---

[15] Immagine tratta da: https://e-scuolagiannone.blogspot.com/2007/04/rappresentazione-geometrica-e.html

	$2x$	$-3y$	$-z$
$2x$	$4x^2$	$-6xy$	$-2xz$
$-3y$	$-6xy$	$9y^2$	$3yz$
$-z$	$-2xz$	$3yz$	z^2

Sommando i termini simili otteniamo:

$$(2x - 3y - z)^2 = 4x^2 + 9y^2 + z^2 - 12xy - 4xz + 6yz$$

Vediamone una rappresentazione grafica, come in precedenza:

Fig. 3[16]:

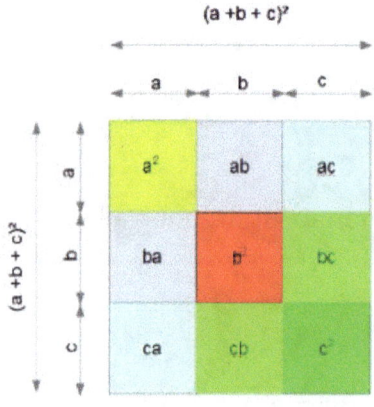

REGOLA GENERALE: $(A + B + C)^2$
- quadrato dei tre termini
- doppio prodotto del primo termine per il secondo (segno: + se concordi, - se discordi)
- doppio prodotto del primo termine per il terzo (segno: + se concordi, - se discordi)
- doppio prodotto del secondo termine per il terzo (segno: + se concordi, - se discordi)

[16] Immagine tratta da:
https://didatticamoderna.altervista.org/2022/10/17/quadrato-di-un-trinomio/

2.2.1.5 - CUBO DI UN BINOMIO

Per calcolare il cubo del binomio con il modello a matrice dobbiamo prima calcolare il quadrato del binomio, e poi moltiplicare il risultato ancora una volta. Partiamo come al solito da un esempio (partiamo dal quadrato del binomio calcolato in precedenza). Calcoliamo:

$$(a^2 - 5b)^3 = (a^2 - 5b)^2 \cdot (a^2 - 5b) =$$
$$(a^4 - 10a^2b + 25b^2) \cdot (a^2 - 5b)$$

Costruiamo la matrice:

	a^2	$-5b$
a^4	a^6	$-5a^4b$
$25b^2$	$25a^2b^2$	$-125b^3$
$-10a^2b$	$-10a^4b$	$50a^2b^2$

Il risultato complessivo si trova al solito facendo la somma algebrica dei termini all'interno della matrice:

$$(a^2 - 5b)^3 = (a^6 - 15a^4b + 75a^2b^2 - 125b^3)$$

Vediamo anche la visualizzazione grafica:

81

Fig.4[17]

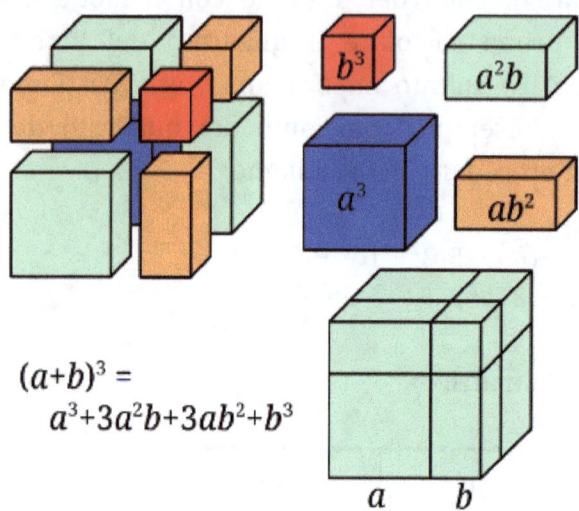

$(a+b)^3 =$
$a^3+3a^2b+3ab^2+b^3$

REGOLA GENERALE PER CALCOLARE IL CUBO DEL BINOMIO

$$(A + B)^3 = A^3 + 3A^2B + 3AB^2 + B^3$$

Il polinomio risultante è quindi costituito da:
- cubo del primo termine
- triplo prodotto del quadrato del primo per il secondo (segno + se concordi, segno - se discordi)
- triplo prodotto del primo per il quadrato del secondo (segno + se concordi, segno - se discordi)
- cubo del secondo termine

---

[17] Immagine tratta da: https://en.wikipedia.org/wiki/File:Binomio_al_cubo.svg

2.2.1.6 - POTENZA n-ma DI UN BINOMIO

Lo sviluppo della potenza n-esima del binomio $(a + b)$ è un polinomio completo ed omogeneo cioè formato da $(n + 1)$ monomi, tutti dello stesso grado e ordinati secondo le potenze decrescenti di a e secondo le potenze crescenti di b.

I coefficienti numerici dei monomi si ricavano dal triangolo di Tartaglia noto anche come triangolo di Pascal. Vediamo come si costruisce e successivamente come utilizzare il triangolo.

COSTRUZIONE: si parte dal numero 1 che si pone sul vertice superiore di un immaginario triangolo isoscele. Gli estremi di ciascuna riga hanno come quantità il numero 1.

I numeri centrali sono dati dalla somma dei numeri immediatamente sopra, così come indicato dallo schema sottostante:

Fig. 5[18]

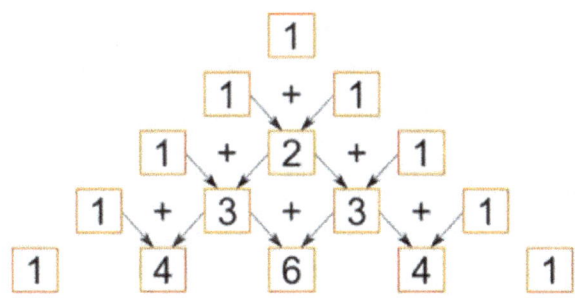

e così via. Per trovare il risultato della potenza n-esima di un binomio si vanno a vedere i coefficienti presenti nella riga n del cosiddetto "triangolo di Tartaglia" e si utilizzano per apporli

---

[18] Immagine tratta da: https://www.youmath.it/domande-a-risposte/view/6207-triangolo-di-tartaglia.html

davanti ai monomi formati da potenze decrescenti del primo monomio (da n a 0) e crescenti del secondo (da 0 a n), andando a formare un polinomio di grado n.

Esponente 1	1 1		$(a + b)^1 = 1a + 1b$
Esponente 2	1 2 1		$(a + b)^2 = 1a^2 + 2ab + 1b^2$
Esponente 3	1 3 3 1		$(a + b)^3 = 1a^3 + 3a^2b + 3ab^2 + 1b^3$
Esponente 4	1 4 6 4 1		$(a + b)^4 = 1a^4 + 4a^3b + 6a^2b^2 + 4ab^3 + 1b^4$
Esponente 5	1 5 10 10 5 1		$(a + b)^5 = 1a^5 + 5a^4b + 10a^3b^2 + 10a^2b^3 + 5ab^4 + 1b^5$

2.2.2 - SBAGLIANDO SI IMPARA: IMPARARE DAGLI ERRORI DEGLI STUDENTI

È di fondamentale importanza osservare che:
$$(A + B)^2 \neq (A^2) + (B^2)$$

Questo è uno degli errori commessi più di frequente, cioè la "dimenticanza" del doppio prodotto! Anche un esempio numerico può aiutare a memorizzare:

$$(3 + 2)^2 = (5^2) = 25$$
$$(3^2) + (2^2) = 9 + 4 = 13$$

Possiamo quindi osservare che: $(3 + 2)^2 \neq (3^2) + (2^2)$

2.3 - LA SCOMPOSIZIONE DI POLINOMI: DAL RISULTATO DI UNA MOLTIPLICAZIONE AI DUE (O PIÙ) POLINOMI CHE LO HANNO DETERMINATO

Veniamo ora alla parte più "complessa" del calcolo polinomiale, o per meglio dire quella che non ha una immediata regola risolutiva da poter applicare.

L'operazione di scomposizione di un polinomio è l'insieme dei procedimenti finalizzati alla trasformazione di una somma algebrica in un prodotto di fattori primi tra loro, che risulteranno essere monomi o polinomi di grado inferiore.

Le scomposizioni risultano particolarmente difficoltose perché impongono generalmente uno sforzo mnemonico per risalire alla struttura moltiplicativa che ha dato origine al polinomio.

La proposta è quella di pensare alle scomposizioni come ad un lavoro di ricostruzione; in tal modo potremmo osservare aspetti "ludici" simili al gioco del Sudoku.

L'operazione di scomposizione, e quindi di fattorizzazione di un polinomio, servirà a trasformarlo in una moltiplicazione tra altri polinomi, più semplici, dei quali siamo in grado di calcolare agevolmente le radici, che come vedremo più avanti, sono i valori che lo rendono uguale a zero.

La spiegazione delle varie scomposizioni, per quanto sia stata semplificata, necessita di un'attenta osservazione degli esempi numerici, senza i quali risulterebbe comunque ostica. Solo la pratica potrà rendere lo strumento facilmente operativo.

Analizziamo ora le varie tipologie di scomposizioni illustrando il metodo attraverso esempi.

2.3.1 - IL RACCOGLIMENTO A FATTORE COMUNE TOTALE

Il raccoglimento totale è un metodo di scomposizione che si basa sulla proprietà distributiva della moltiplicazione:

$$AB + AC = A(B + C)$$

Useremo questa proprietà per agire in senso inverso rispetto a quando facciamo la moltiplicazione tra due polinomi: se tutti i termini di un polinomio hanno un fattore in comune (che come si può osservare è il loro Massimo Comune Divisore) lo possiamo raccogliere come fattore comune.

Vediamo con un esempio come funziona il metodo. Scomponiamo il polinomio:

$$4x^4y^6z - 2x^3y^2 + 8x^5y^3$$

Evidenziamo come prima cosa in ciascun termine del polinomio i fattori che contengono elementi in comune:

$$4x^4y^6z - 2x^3y^2 + 8x^5y^3$$

Individuiamo il più piccolo tra i fattori comuni (calcolo MCD tra i singoli monomi che compongono il polinomio):

$$\text{MCD}\ (4x^4y^6, -2x^3y^2, 8x^5y^3) = 2x^3y^2$$

Costruiamo ora una matrice con una riga, sulla quale posizionare il MCD $2x^3y^2$ ed una sovrastante di supporto, che servirà per individuare il risultato della scomposizione. Il numero di colonne sarà pari al numero di monomi costituenti il polinomio più una di supporto. Inizieremo poi a riempire la matrice mettendo sulla seconda riga (successivamente a $2x^3y^2$) tutti i monomi costituenti il polinomio iniziale, cominciando dal primo. Dobbiamo ora effettuare la divisione tra ogni singolo monomio componente il polinomio originario e il loro MCD, ovvero $2x^3y^2$:

$2x^3y^2$	$4x^4y^6z$		

Effettuiamo la divisione, poi collocheremo il risultato sulla riga sovrastante:

$$\frac{4x^4y^6z}{2x^3y^2} = 2xy^4z$$

	$2xy^4z$		
$2x^3y^2$	$4x^4y^6z$		

Eseguiamo la stessa operazione per ogni termine del polinomio ottenendo:

	$2xy^4z$	-1	$4x^2y$
$2x^3y^2$	$4x^4y^6z$	$-2x^3y^2$	$8x^5y^3$

Il polinomio dato può quindi essere riscritto, nella forma fattorizzata, indicando la moltiplicazione tra il monomio sulla riga esterna $2x^3y^2$ e il polinomio che si ottiene sommando i termini sulle colonne esterne, ovvero $2xy^4z - 1 + 4x^2y$. Si ottiene come risultato della scomposizione:

$$4x^4y^6z - 2x^3y^2 + 8x^5y^3 = 2x^3y^2(2xy^4z - 1 + 4x^2y)$$

Si dirà che abbiamo "messo in evidenza" o in alternativa "raccolto a fattor comune" il fattore $2x^3y^2$.

2.3.1.1 - SE CI SONO COEFFICIENTI FRAZIONARI

Vediamo un esempio nel caso in cui ci siano coefficienti frazionari. Scomponiamo il polinomio:

$$\frac{1}{4}a^5 - \frac{1}{2}a^3 - a^2$$

Calcoliamo il mcm:

$$\frac{1}{4}a^5 - \frac{1}{2}a^3 - a^2 = \frac{a^5 - 2a^3 - 4a^2}{4}$$

Raccogliamo a fattor comune $\frac{1}{4}a^2$ (MCD) e costruiamo la matrice:

$\frac{1}{4}a^2$	$\frac{1}{4}a^5$	$-\frac{1}{2}a^3$	$-a^2$

NB: nel corpo centrale della matrice inseriamo il polinomio originario. Effettuiamo poi la divisione di ogni termine per il MCD e li sistemiamo sulla riga di intestazione ottenendo:

	a^3	$-2a$	-4
$\dfrac{1}{4}a^2$	$\dfrac{1}{4}a^5$	$-\dfrac{1}{2}a^3$	$-a^2$

Il risultato finale della scomposizione è:

$$\frac{1}{4}a^2(a^3 - 2a - 4)$$

2.3.1.2 - ESERCIZI PIÙ COMPLESSI... (apparentemente) 😊

Scomponiamo il polinomio:

$$x^{2n} - 2x^{n+1}$$

Il polinomio può essere riscritto nella forma equivalente:

$$x^{2n} - 2x^{n+1} = x^{n+n} - 2x^n x = x^n x^n - 2x^n x$$

Si osserva che x^n è un fattore comune:

$$x^{2n} - 2x^{n+1} = x^{n+n} - 2x^n x = x^n x^n - 2x^n x$$

Possiamo costruire la matrice seguendo la procedura descritta:

x^n	$x^n x^n$	$-2x^n x$

Inseriamo poi nella colonna esterna il risultato della divisione:

	x^n	$-2x$
x^n	$x^n x^n$	$-2x^n x$

La scomposizione cercata sarà quindi data dal prodotto dei polinomi su righe e colonne esterne:

$$x^{2n} - 2x^{n+1} = x^n(x^n - 2x)$$

2.3.1.3 - SE IL FATTORE COMUNE È UN POLINOMIO

Tale modalità di scomposizione può essere adottata anche quando il fattore comune è un polinomio, come ad esempio:

$$x(x + 2) + (x + 1)(x + 2)$$

Evidenziamo il fattore comune, cioè quello che appare come elemento di una moltiplicazione all'interno di ciascun termine del polinomio:

$$x(x + 2) + (x + 1)(x + 2)$$

Procedendo analogamente a quanto visto sopra, cioè dividendo ciascun termine per il MCD, si ottiene la matrice:

	x	$(x + 1)$
$(x + 2)$	$x(x + 2)$	$(x + 1)(x + 2)$

Il risultato della scomposizione, calcolato moltiplicando tra loro il polinomio che si ottiene sommando i termini sulla prima riga con il MCD sarà:

$$(x + (x + 1))(x + 2) = (2x + 1)(x + 2)$$

Quindi avremo l'uguaglianza:

$$x(x + 2) + (x + 1)(x + 2) = (x + 2)(2x + 1)$$

Un ulteriore esempio: scomponiamo il polinomio

$$2(a + 1)x^2 + 6(a + 1)^2 x$$

Il MCD è: $2x(a + 1)$

Costruiamo la matrice:

$2x(a + 1)$	$2(a + 1)x^2$	$6(a + 1)^2 x$

Effettuando le divisioni / moltiplicazioni si ottiene:

	x	$3(a + 1)$
$2x(a + 1)$	$2(a + 1)x^2$	$6(a + 1)^2 x$

La scomposizione è quindi:

$$2(a + 1)x^2 + 6(a + 1)^2x = 2x(a + 1)(x + 3(a + 1)) =$$
$$= 2x(a + 1)(x + 3a + 3)$$

2.3.1.4 - ESERCIZI PIÙ COMPLESSI (apparentemente... 🙃).

Scomponiamo:

$$a^{x+2}(b - 1)^y + a^{x+3}(b - 1)^{y+1} + a^{x+4}(b - 1)^y$$

Riscriviamo il polinomio risalendo alle potenze originarie, cioè prima dell'applicazione della regola relativa al prodotto tra potenze con la stessa base:

$$a^x a^2 (b - 1)^y + a^x a^3 (b - 1)^y (b - 1) + a^x a^4 (b - 1)^y$$

Evidenziamo come prima cosa in ciascun termine del polinomio i fattori che contengono elementi in comune:

$$a^x a^2 (b - 1)^y + a^x a^3 (b - 1)^y (b - 1) + a^x a^4 (b - 1)^y$$

$$\text{MCD} = a^2 a^x (b - 1)^y = a^{x+2}(b - 1)^y$$

Costruiamo ora la matrice:

	1	$a(b - 1)$	a^2
$a^{x+2}(b - 1)^y$	$a^{x+2}(b - 1)^y$	$a^{x+3}(b - 1)^{y+1}$	$a^{x+4}(b - 1)^y$

Il risultato della scomposizione sarà quindi:

$$(a^2 a^x (b-1)^y)(1 + a(b-1) + a^2)$$

2.3.2 - IL RACCOGLIMENTO PARZIALE

Analizziamo ora il caso in cui siano presenti un numero pari di monomi e sia possibile individuare dei fattori comuni a due o più gruppi.

Scomponiamo p.e. il polinomio:

$$ax + x + a + 1$$

Dobbiamo ricercare l'esistenza di fattori comuni a gruppi. I primi due monomi hanno come fattore comune la x, che è il loro MCD, gli ultimi due hanno 1 come MCD.

$$a\underline{x} + \underline{x} + a + 1$$

Costruiamo ora una matrice con un numero di righe pari al numero di gruppi sui quali abbiamo calcolato il MCD e un numero di colonne pari al numero degli elementi di ciascun gruppo, oltre ad una riga e una colonna di supporto.

Sulle righe posizioniamo i fattori comuni dei due gruppi, nel nostro caso x e 1:

x		
1		

Tutti i termini del polinomio devono trovare posto all'interno della matrice. Proveremo a collocarli opportunamente (non c'è un modo univoco!). Ponendo anche solo un termine in una cella (incrocio di righe e colonne) si determina automaticamente il risultato di altre celle. Collocando per esempio il primo termine

ax

x	ax	
1		

saremo vincolati a mettere il monomio "a" nella cella $(1,2)$[19] e un altro monomio "a" nella cella $(3,2)$, a seguito del risultato della divisione nel primo caso e della moltiplicazione nel secondo:

	a	
x	ax	
1	a	

Ora osserviamo che il termine 1 può essere unicamente il

---

[19] I numeri nella parentesi indicano ordinatamente la riga e la colonna di una matrice

94

risultato della moltiplicazione 1×1 quindi proveremo a collocare un altro 1 nella cella (1,3). La matrice risulterà pertanto:

	a	1
x	ax	x
1	a	1

La scomposizione cercata è quindi:

$$ax + x + a + 1 = (x + 1)(a + 1)$$

Vediamo qualche altro esempio. Scomponiamo il polinomio:

$$ax^2 + ax + a - bx^2 - bx - b$$

Individuiamo i gruppi con termini simili:

$$ax^2 + ax + a - bx^2 - bx - b$$

Abbiamo trovato due gruppi con tre elementi ciascuno. Costruiremo quindi una matrice 3x4 includendo la riga e la colonna di supporto. Il primo gruppo ha come MCD a e il secondo $(-b)$, che andremo a collocare come prima cosa nella matrice:

95

a			
$-b$			

Collocheremo poi all'interno gli altri termini secondo le regole viste in precedenza, ottenendo, per esempio:

	x^2		
a	ax^2		
$-b$	$-bx^2$		

Collochiamo prima il termine ax^2, dividendolo poi per "a" troviamo x^2, elemento da collocare nella prima riga di intestazione e che rappresenta uno dei termini del polinomio che stiamo cercando.

Ricordiamo ciò che stiamo facendo: cercare un polinomio (ignoto) che moltiplicato per il divisore mi darà il polinomio iniziale, i cui termini devono trovare tutti posto all'interno della matrice (come risultato di una moltiplicazione!).

Moltiplicando poi tale termine per l'altro termine del polinomio divisore ($-b$) otteniamo il termine $-bx^2$. Continuiamo sistemando gli altri elementi per deduzione logica. Alla fine la matrice completa risulterà:

	x^2	x	1
a	ax^2	ax	a
$-b$	$-bx^2$	$-bx$	$-b$

Il risultato della scomposizione è quindi: $(a - b)(x^2 + x + 1)$

2.3.2.1 - SE SONO PRESENTI FRAZIONI

Vediamo come operare nel caso in cui ci siano frazioni. Scomponiamo il polinomio:

$$-ab - 2a + \frac{1}{2}b + 1$$

Calcoliamo il mcm, ottenendo:

$$\frac{-2ab - 4a + b + 2}{2} = \frac{1}{2}(-2ab - 4a + b + 2)$$

Scomponiamo ora il polinomio a coefficienti interi:

$(-2ab - 4a + b + 2)$

Ricerchiamo i fattori comuni a gruppi:

$(- 2ab - 4a + b + 2)$

Costruiamo la solita matrice:

	$-2a$	1
b	$-2ab$	b
2	$-4a$	2

La scomposizione finale diventa:

$$-ab - 2a + \frac{1}{2}b + 1 = \frac{1}{2}(b+2)(1-2a)$$

2.3.2.2- UN ESERCIZIO PIÙ COMPLESSO... (sempre apparentemente) 😊

Scomponiamo

$$x^{2n+1} + x^n + x^{n+1} + 1$$

Possiamo riscrivere il polinomio nella forma:

$$x^n x^n x + x^n + x^n x + 1$$

in modo da rendere più semplice evidenziare i fattori comuni:

$$x^n x^n x + x^n + x^n x + 1$$

Nel primo gruppo il fattore comune (MCD) è x^n, nel secondo 1. Risulta a questo punto semplice risalire alla matrice:

	$x^n x$	1
x^n	$x^n x^n x$	x^n
1	$x^n x$	1

La scomposizione è quindi:

$$x^{2n+1} + x^n + x^{n+1} + 1 = (x^n + 1)(x^n x + 1)$$

2.3.3- LA DIFFERENZA DI QUADRATI

Lo scopo dell'esercizio è mettere in evidenza la struttura di fondo, una volta acquisita dimestichezza si può procedere "a mente", senza utilizzare la matrice. Scomponiamo:

$$a^6b^2 - 1$$

Individuiamo agevolmente la presenza di due quadrati: andremo a costruire una matrice operativa 2×2 (aggiungendo al solito una riga e una colonna di supporto) e sulla diagonale principale collocheremo i due termini al quadrato:

	a^6b^2	
		-1

Andiamo ora a ricercare i fattori che moltiplicati tra loro li determinano: ovviamente dovremo fare delle prove fino ad azzeccare la coppia corretta che sia compatibile con tutti gli altri termini:

	a^3b	-1
a^3b	a^6b^2	
1		-1

A questo punto il completamento della matrice risulta vincolato: il colore rosso è stato utilizzato per evidenziare i fattori che stiamo cercando di individuare, al fine di verificare se sono compatibili con tutti gli altri termini del polinomio

	a^3b	-1
a^3b	a^6b^2	$-a^3b$
1	a^3b	-1

Facendo la somma algebrica dei termini nel corpo centrale della matrice vediamo che possiamo annullare i termini uguali in modulo ma con segno opposto:

	a^3b	-1
a^3b	a^6b^2	$-a^3b$
1	a^3b	-1

Il risultato della scomposizione è quindi:

$$(a^3b - 1)(a^3b + 1) = a^6b^2 - 1$$

2.3.3.1 - SE CI SONO FRAZIONI...

Scomponiamo il polinomio:

$$\frac{1}{4}x^2 - y^2$$

Costruiamo la matrice (partendo dai quadrati ed aggiustando opportunamente gli altri termini):

	$\frac{1}{2}x$	$-y$
$\frac{1}{2}x$	$\frac{1}{4}x^2$	$-\frac{1}{2}xy$
y	$\frac{1}{2}xy$	$-y^2$

La scomposizione finale sarà quindi:

$$\frac{1}{4}x^2 - y^2 = \left(\frac{1}{2}x - y\right)\left(\frac{1}{2}x + y\right)$$

In alternativa, avremmo potuto calcolare il mcm:

$\frac{1}{4}x^2 - \frac{4}{4}y^2 = \frac{1}{4}(x^2 - 4y^2)$ e costruire la matrice:

	x	$-2y$
x	x^2	$-2xy$
$2y$	$2xy$	$-4y^2$

La scomposizione, ovviamente equivalente alla precedente, risulta:

$$\frac{1}{4}x^2 - \frac{4}{4}y^2 = \frac{1}{4}(x^2 - 4y^2) = \frac{1}{4}(x - 2y)(x + 2y)$$

2.3.3.2 - UN ESERCIZIO PIÙ COMPLESSO... (sempre apparentemente)

Scomponiamo il polinomio:

$$x^{10n} - x^{6n}$$

Possiamo riscrivere la formula (per evidenziare i quadrati) come segue:

$$x^{10n} - x^{6n} = (x^{5n})^2 - (x^{3n})^2$$

Costruiamo la matrice:

	x^{5n}	$-x^{3n}$
x^{5n}	x^{10n}	$-x^{8n}$
x^{3n}	x^{8n}	$-x^{6n}$

La scomposizione risulta:

$$x^{10n} - x^{6n} = (x^{5n} - x^{3n})(x^{5n} + x^{3n})$$

2.3.3.3- QUANDO I QUADRATI SONO POLINOMI

$$(x + y)^2 - (a + b)^2$$

Costruiamo la matrice:

	$(x + y)^2$	
		$-(a + b)^2$

Cerchiamo i fattori che possono averli determinati:

	$(x + y)$	$-(a + b)$
$(x + y)$	$(x + y)^2$	
$(a + b)$		$-(a + b)^2$

Abbiamo scritto in rosso i fattori sui quali stiamo lavorando, eseguiamo ora le moltiplicazioni e sommiamo i termini simili:

	$(x + y)$	$- (a + b)$
$(x + y)$	$(x + y)^2$	$- (x + y)(a + b)$
$(a + b)$	$(x + y)(a + b)$	$- (a + b)^2$

La scomposizione risulta:

$$[(x + y) + (a + b)][(x + y) - (a + b)] =$$
$$= (x + y + a + b)(x + y - a - b)$$

2.3.4 - IL QUADRATO DEL BINOMIO

Scomponiamo il polinomio:

$$16x^4 - 8x^2 + 1$$

Costruiamo una matrice $(2 + 1)(2 + 1)$. Avendo due termini al quadrato il corpo della matrice sarà di $2 \cdot 2 = 4$ elementi, oltre alla riga e colonna di supporto.
Collochiamo i quadrati sulla diagonale principale; calcoleremo poi gli elementi da sistemare su righe e colonne aggiustando opportunamente il segno per ottenere il doppio prodotto:

Passo 1:

	$16x^4$	
		1

Passo 2: (cerchiamo i fattori che li hanno determinati)

	$4x^2$	1
$4x^2$	$16x^4$	
1		1

Passo 3: (poiché il doppio prodotto è negativo cambiamo i segni)

	$4x^2$	-1
$4x^2$	$16x^4$	$-4x^2$
-1	$-4x^2$	1

La scomposizione è quindi:

$$16x^4 - 8x^2 + 1 = (4x^2 - 1)(4x^2 - 1) = (4x^2 - 1)^2$$

2.3.4.1 - SE CI SONO FRAZIONI...

Scomponiamo il polinomio:

$$\frac{1}{9}x^4y^4 - x^2y^2 + \frac{9}{4}$$

Passo 1: sistemiamo i quadrati (attenzione! il secondo termine non può essere un quadrato perchè è negativo)

	$\frac{1}{9}x^4y^4$	
		$\frac{9}{4}$

Passo 2: collochiamo gli opportuni fattori che hanno dato origine a tali termini su righe e colonne esterne

	$\frac{1}{3}x^2y^2$	$\frac{3}{2}$
$\frac{1}{3}x^2y^2$	$\frac{1}{9}x^4y^4$	
$\frac{3}{2}$		$\frac{9}{4}$

Passo 3: completiamo la matrice e aggiustiamo i segni

	$\frac{1}{3}x^2y^2$	$-\frac{3}{2}$
$\frac{1}{3}x^2y^2$	$\frac{1}{9}x^4y^4$	$-\frac{1}{2}x^2y^2$
$-\frac{3}{2}$	$-\frac{1}{2}x^2y^2$	$\frac{9}{4}$

La scomposizione finale risulta:

$$\frac{1}{9}x^4y^4 - x^2y^2 + \frac{9}{4} = \left(\frac{1}{3}x^2y^2 - \frac{3}{2}\right)\left(\frac{1}{3}x^2y^3 - \frac{3}{2}\right) =$$
$$\left(\frac{1}{3}x^2y^2 - \frac{3}{2}\right)^2$$

2.3.4.2 - UN ESERCIZIO PIÙ COMPLESSO...

Scomponiamo il polinomio:

$$a^{6x} + 2a^{3x+2} + a^4$$

Riscriviamo il polinomio nella forma:

$$a^{6x} + 2a^{3x+2} + a^4 = (a^x a^x a^x)(a^x a^x a^x) +$$
$$2a^{3x}a^2 + a^4$$

Costruiamo la matrice:

Passo 1: collochiamo i quadrati sulla diagonale principale

	a^{6x}	
		a^4

Passo 2: ricaviamo i termini da collocare su riga e colonna esterne

	a^{3x}	a^2
a^{3x}	a^{6x}	
a^2		a^4

Passo 3: Terminiamo le moltiplicazioni (poiché il doppio prodotto è positivo lasciamo i segni positivi)

	a^{3x}	a^2
a^{3x}	a^{6x}	$a^{3x}a^2$
a^2	$a^{3x}a^2$	a^4

Ricordiamo: $a^{3x}a^2 + a^{3x}a^2 = 2a^{3x}a^2 = 2a^{3x+2}$

Abbiamo quindi:

$$a^{6x} + 2a^{3x+2} + a^4 = (a^{3x} + a^2)(a^{3x} + a^2)$$
$$= (a^{3x} + a^2)^2$$

ATTENZIONE AGLI ERRORI!

A volte possono capitare esercizi in cui ci sembra che un trinomio possa essere lo sviluppo del quadrato di un binomio; utilizzando la matrice è facile rendersi conto quando non lo sia... vediamo qualche esempio:

$$x^2 - 2x - 1$$

Quando uno dei due quadrati è negativo non ci sono dubbi che non possa essere lo sviluppo del quadrato del binomio, poiché i termini al quadrato devono essere sempre positivi! In altri casi può essere più difficile riconoscere il doppio prodotto. Vediamo come fare.
Scomponiamo:

$$4x^2 - 6ax + 9a^2$$

Sistemiamo i termini al quadrato nella tabella, e i fattori che li hanno generati:

	$2x$	$3a$
$2x$	$4x^2$	
$3a$		$9a^2$

110

Eseguiamo gli altri prodotti:

	$2x$	$-3a$
$2x$	$4x^2$	$-6ax$
$-3a$	$-6ax$	$9a^2$

Vediamo subito che la somma è $4x^2 - 12ax + 9a^2$; e quindi il polinomio iniziale non può essere lo sviluppo del quadrato di un binomio.

2.3.5 - LA DIFFERENZA DI DUE QUADRATI DI CUI ALMENO UNO È UN TRINOMIO

Consideriamo il polinomio:

$$x^4 - x^2 + 2x - 1$$

Possiamo osservare che gli ultimi tre termini sono lo sviluppo di $(x - 1)^2$. Se riusciamo immediatamente a riconoscere la differenza di quadrati possiamo scrivere subito la scomposizione:

$$x^4 - x^2 + 2x - 1 = [x^2 - (x - 1)][x^2 + (x - 1)] =$$
$$= [x^2 - x + 1][x^2 + x - 1]$$

Nel caso in cui non riesca a riconoscere immediatamente la differenza di due quadrati possiamo andare a ritroso a cercare quali sono i polinomi dalla cui moltiplicazione risulta il polinomio che dobbiamo scomporre. Tali termini si devono trovare tutti all'interno di una matrice. Proviamo a costruire una matrice $(2+1)(2+1)$ poiché sono presenti due quadrati:

	x^2	-1
x^2	x^4	
1		-1

Ci rendiamo immediatamente conto che verrebbero a mancare i termini in x, quindi la matrice dovrà essere $(3+1)(3+1)$. Alla stessa conclusione saremmo giunti se avessimo scelto i termini x^4 e x^2.

Modifichiamo quindi la matrice aggiungendo una riga e una colonna per le x, con opportuni coefficienti (da determinare) al fine di "ricostruire" il polinomio iniziale come somma degli elementi interni alla matrice. Il suo completamento risulterà:

	x^2	x	-1
x^2	x^4	x^3	$-x^2$
$-x$	$-x^3$	$-x^2$	x
1	x^2	x	-1

Non esiste una regola da applicare acriticamente, è necessario giocarci un pò al fine di ricostruire il polinomio iniziale... un po' come la caccia al tesoro (o meglio un Sudoku). Facendo la somma algebrica fra termini simili otteniamo:

	x^2	x	-1
x^2	x^4	x^3	$-x^2$
$-x$	$-x^3$	$-x^2$	x
1	x^2	x	-1

La scomposizione cercata è quindi:

$$x^4 - x^2 + 2x - 1 = (x^2 - x + 1)(x^2 + x - 1)$$

2.3.5.1 - UN ESERCIZIO PIÙ COMPLESSO...

Scomponiamo il polinomio:

$$9x^2 + y^2 - a^2 - 6xy - 8a - 16$$

Costruiamo una matrice $(4+1)(4+1)$, poiché abbiamo 4 termini elevati al quadrato che andremo a collocare sulla diagonale principale:

	$3x$	y	a	4
$3x$	$9x^2$			
y		y^2		
$-a$			$-a^2$	
-4				-16

Ora dobbiamo aggiustare i segni in modo che trovino posto all'interno del corpo centrale della matrice tutti i termini del polinomio, alcuni dei quali dovranno cancellarsi perché non presenti. I quadrati, nel caso siano positivi, derivano da segni concordi, quindi aggiusteremo opportunamente. Altri elementi di controllo sono:

-   dobbiamo ottenere $-6xy$ nelle celle (R2, C3) e (R3, C2), pertanto la y su riga e colonna esterne dovrà essere negativa (incrociandosi con x, positiva, mi darà segno negativo)

114

- i termini ay e ax devono annullarsi (devono avere segno discorde)
- lo stesso vale per i termini composti dalla sola x e sola y
- dobbiamo ottenere $-8a$ nelle celle (R4, C5) e (R5, C4), pertanto i segni andranno aggiustati opportunamente

La matrice completata risulta:

	$3x$	$-y$	a	4
$3x$	$9x^2$	$-3xy$	$3ax$	$12x$
$-y$	$-3xy$	y^2	$-ay$	$-4y$
$-a$	$-3ax$	ay	$-a^2$	$-4a$
-4	$-12x$	$4y$	$-4a$	-16

Il risultato della scomposizione è quindi:

$$(3x - y + a + 4)(3x - y - a - 4) =$$
$$= [(3x - y) + (a + 4)][(3x - y) - (a + 4)] =$$
$$= (3x - y)^2 - (a + 4)^2$$

2.3.6 - IL QUADRATO DEL TRINOMIO

Scomponiamo ora il polinomio:
$$a^2 + 4b^2 + 9c^2 - 4ab - 6ac + 12bc$$
Poiché ci sono tre quadrati costruiamo una matrice $(3+1)(3+1)$ (3 più una riga e colonna di supporto) e collochiamo i quadrati

sulla diagonale principale insieme ai termini che moltiplicati tra loro li determinano:

	a	$2b$	$3c$
a	a^2		
$2b$		$4b^2$	
$3c$			$9c^2$

Osservando il polinomio ci rendiamo conto che non possiamo avere tutti i termini con segno concorde in quanto devono apparire segni negativi, quindi dovremo cambiare opportunamente segno a qualche termine affinché ogni elemento del polinomio iniziale venga determinato dalla somma algebrica degli elementi nel corpo centrale della matrice. Una possibile soluzione è:

	a	$-2b$	$-3c$
a	a^2	$-2ab$	$-3ac$
$-2b$	$-2ab$	$4b^2$	$6bc$
$-3c$	$-3ac$	$6bc$	$9c^2$

La scomposizione risulta:

$$a^2 + 4b^2 + 9c^2 - 4ab - 6ac + 12bc =$$

$$=(a - 2b - 3c)(a - 2b - 3c) = (a - 2b - 3c)^2$$

Un'altra possibile scomposizione avrebbe potuto essere:

	$-a$	$2b$	$3c$
$-a$	a^2	$-2ab$	$-3ac$
$2b$	$-2ab$	$4b^2$	$6bc$
$3c$	$-3ac$	$6bc$	$9c^2$

La scomposizione, equivalente alla precedente, sarebbe stata:
$$a^2 + 4b^2 + 9c^2 - 4ab - 6ac + 12bc =$$
$$(-a + 2b + 3c)(-a + 2b + 3c) = (-a + 2b + 3c)^2$$

2.3.7 - IL CUBO DEL BINOMIO

Scomponiamo il polinomio:
$$8x^3 - 12x^2 + 6x - 1$$

Possiamo osservare che sono presenti quattro termini e 2 cubi, quindi è ragionevole pensare che ci troviamo di fronte allo sviluppo del cubo di un binomio. Converrebbe a questo punto partire dal binomio $(2x-1)^3$ e verificare se i tripli prodotti coincidono.

Vediamo comunque come operare con la matrice (nel caso non riuscissimo ad indentificare velocemente i cubi) perché è didatticamente interessante, in quanto ci porta a ritroso passando attraverso lo sviluppo del quadrato.

Potremmo pensare di costruire una matrice (3+1)(3+1) poiché ci sono due cubi, in realtà vedremo che una riga è ridondante.

Collochiamo come prima cosa i cubi:

	$8x^3$		
			-1

Posizioniamo ora i corrispondenti elementi su righe e colonne:

	$4x^2$		1
$2x$	$8x^3$		
-1			-1

Dobbiamo ora far risultare i termini $-12x^2+6x$ come somma dei termini all'interno della matrice, giocando con opportuni coefficienti e segni:

	$4x^2$	$-4x$	1
$2x$	$8x^3$	$-8x^2$	$2x$
-1	$-4x^2$	$4x$	-1

Possiamo notare che una riga è ridondante; abbiamo comunque ottenuto la prima scomposizione, ovvero:

$$8x^3 - 12x^2 + 6x - 1 = (2x - 1)(4x^2 - 4x + 1)$$

Come possiamo osservare il secondo polinomio è lo sviluppo del quadrato di $(2x - 1)^2$. Possiamo procedere ulteriormente con la scomposizione:

	$2x$	-1
$2x$	$4x^2$	$-2x$
-1	$-2x$	1

Otteniamo quindi:

$$8x^3 - 12x^2 + 6x - 1 = (2x - 1)(4x^2 - 4x + 1) =$$
$$= (2x - 1)(2x - 1)(2x - 1) = (2x - 1)^3$$

Conviene ovviamente imparare a riconoscere la coppia di cubi!

2.3.8 - LO SVILUPPO DELLA POTENZA ENNESIMA DI UN BINOMIO

Possiamo riconoscere facilmente lo sviluppo della potenza ennesima di un binomio quando abbiamo 2 termini elevati alla n e un numero di termini pari a n+1. Utilizzando il triangolo di Tartaglia si può provare poi a fare lo sviluppo della potenza ennesima del binomio AVENDO CURA DI VERIFICARE I SEGNI.

2.3.9 - SOMMA E DIFFERENZA DI CUBI

Scomponiamo il polinomio:

$$27a^3 + 8$$

Sono presenti due cubi. Costruiamo una matrice (3+1)(3+1) poiché ci sono due cubi, in realtà vedremo che una riga è ridondante.

	$9a^2$		4
$3a$	$27a^3$		
2			8

Eseguendo le operazioni vincolanti sulla matrice otteniamo:

	$9a^2$		4
$3a$	$27a^3$		$12a$
2	$18a^2$		8

Dobbiamo ora sistemare dei termini per annullare $12a$ e $18a^2$, che non sono presenti nel polinomio. Tenendo conto dei vincoli ci accorgiamo facilmente che è sufficiente inserire un solo termine, $-6a$, per fare tornare i conti

	$9a^2$	$-6a$	4
$3a$	$27a^3$	$-18a^2$	$12a$
2	$18a^2$	$-12a$	8

	$9a^2$	$-6a$	4
$3a$	$27a^3$	$\cancel{-18a^2}$	$\cancel{12a}$
2	$\cancel{18a^2}$	$\cancel{-12a}$	8

La scomposizione finale sarà quindi:

$$27a^3 + 8 = (3a + 2)(9a^2 - 6a + 4)$$

2.3.10 - DIFFERENZA DI CUBI

Vediamo ora il caso della differenza tra cubi. Scomponiamo il polinomio:

$$27a^3 - 8$$

Dall'esercizio precedente abbiamo realizzato che è sufficiente una matrice di corpo centrale 2x3, costruisco quindi la matrice inserendo gli elementi vincolati:

	$9a^2$		4
$3a$	$27a^3$		$12a$
-2	$-18a^2$		-8

Per annullare i termini non presenti nel polinomio iniziale dovremo aggiungere il termine $6a$:

	$9a^2$	$6a$	4
$3a$	$27a^3$	$18a^2$	$12a$
-2	$-18a^2$	$-12a$	-8

La scomposizione richiesta sarà quindi:

$$27a^3 - 8 = (3a - 2)(9a^2 + 6a + 4)$$

2.3.10.1 - UN ESERCIZIO PIÙ COMPLESSO...

Scomponiamo il polinomio:

$$a^{3x} + a^6$$

Il polinomio può essere riscritto:

$$a^{3x} + a^6 = (a^x)^3 + (a^2)^3 = a^x a^x a^x + a^2 a^2 a^2$$

Costruiamo la matrice inserendo i cubi e i termini vincolati come conseguenza:

	a^{2x}		a^4
a^x	a^{3x}		a^{x+4}
a^2	a^{2x+2}		a^6

Dobbiamo ora inserire un elemento che faccia annullare i termini a^{x+4} e a^{2x+2} tale termine dovrà necessariamente essere negativo. Per trovarlo, effettuiamo la divisione:

$$\frac{a^{2x+2}}{a^x} = \frac{a^{2x} a^2}{a^x} = \frac{a^x a^x a^2}{a^x} = a^2 a^x \ , \ \frac{a^{x+4}}{a^2} = \frac{a^x a^4}{a^2} = \frac{a^x a^2 a^2}{a^2} = a^2 a^x$$

L'elemento cercato è quindi $-a^2 a^x$, che andremo a collocare nella matrice:

	a^{2x}	$-a^2 a^x$	a^4
a^x	a^{3x}	$-a^{2x+2}$	a^{x+4}
a^2	a^{2x+2}	$-a^{x+4}$	a^6

La scomposizione richiesta sarà quindi:

$$(a^x + a^2)(a^{2x} - a^2 a^x + a^4) =$$
$$= (a^x + a^2)(a^{2x} - a^{2+x} + a^4)$$

2.3.11 - IL TRINOMIO SPECIALE (o caratteristico)

Viene così definito un trinomio di secondo grado che presenta le caratteristiche che andremo ad evidenziare nei successivi paragrafi.

2.3.11.1 - IL TRINOMIO SPECIALE CON COEFFICIENTE DELLA VARIABILE DI SECONDO GRADO PARI A 1

Si definisce trinomio speciale, o particolare, o caratteristico un polinomio del tipo:

$$x^2 + (A + B)x + AB$$

ossia un polinomio con tre termini, di secondo grado rispetto ad una variabile, in cui il coefficiente del termine di secondo grado è 1, il coefficiente del termine di primo grado è la SOMMA di due numeri e il PRODOTTO tra questi due numeri è il termine noto.

Tale polinomio viene talvolta indicato nel seguente modo:

$$x^2 + sx + p$$

(indicando con s la somma di A e B e p il prodotto AB)

Un trinomio fatto così si scompone nel seguente modo, ricordando il raccoglimento parziale:

$$x^2 + (A + B)x + AB = x^2 + Ax + Bx + AB$$
$$= x(x + A) + B(x + A) =$$
$$= (x + A)(x + B)$$

Vediamo qualche esempio. Scomponiamo il polinomio:

$$x^2 - 5x - 14$$

Costruiamo la matrice 3x3 sistemando il termine di secondo grado e il termine noto, e riempiendo le celle vincolate:

	x	
x	x^2	
		-14

La scelta dei fattori che danno come prodotto -14 dovrà essere fatta in base al vincolo che la loro somma sia -5. Si individua facilmente che tali fattori debbano essere -7 e 2.

NB: si osservi che i fattori devono essere ricercati tra i divisori del termine noto.

	x	-7
x	x^2	$-7x$
2	$2x$	-14

La scomposizione cercata è quindi:

$$x^2 - 5x - 14 = (x - 7)(x + 2)$$

2.3.11.2 - IL TRINOMIO SPECIALE CON COEFFICIENTE DELLA VARIABILE DI SECONDO GRADO DIVERSO DA 1

Vediamo ora il caso in cui ci sia un coefficiente davanti al termine x^2, cioè del tipo:

$$ax^2 + sx + p$$

Per scomporre tale trinomio si devono trovare due numeri interi A e B tali che la loro somma sia pari al coefficiente della X ed il loro prodotto uguale al termine noto moltiplicato per il coefficiente di x^2:

$$A + B = s$$
$$AB = ap$$

Scomponiamo come esempio il polinomio:

$$2x^2 - 5x - 3$$

Costruiamo la matrice:

	$2x$	
x	$2x^2$	
		-3

L'obiettivo è ottenere $-5x$ come somma algebrica dei termini in x, e dobbiamo cercare tali valori tra i divisori di $(-3)(2)$.
Si ricava facilmente che la coppia cercata è -3 e 1

	$2x$	1
x	$2x^2$	x
-3	$-6x$	-3

La scomposizione sarà quindi:

$$2x^2 - 5x - 3 = (x - 3)(2x + 1)$$

2.3.11.3 - IL TRINOMIO SPECIALE CON COEFFICIENTI LETTERALI

I coefficienti letterali devono essere considerati come se fossero numeri. Vediamo come operare direttamente con un esempio. Scomponiamo il polinomio

$$6x^2 + 11\,mx - 2m^2$$

Costruiamo la matrice 3x3 e posizioniamo il quadrato e il termine di grado più basso (termine noto):

	x	
$6x$	$6x^2$	
		$-2m^2$

Cerchiamo tra i divisori di $(-2m^2) \cdot (6)$ e troviamo che la coppia di valori è:

	x	$2m$
$6x$	$6x^2$	$12mx$
$-m$	$-mx$	$-2m^2$

La scomposizione è quindi:

$$6x^2 + 11mx - 2m^2 = (6x - m)(x + 2m)$$

2.4 - IL PROBLEMA DELLA RICERCA DELLE RADICI DI UN POLINOMIO

Sono i valori che, sostituiti alla variabile, rendono nullo il polinomio. In altre parole, detto *P(x)* un generico polinomio nella variabile *x*, sono le soluzioni dell'equazione:

$$P(x) = 0$$

La ricerca delle radici di un polinomio riveste un'importanza fondamentale in numerosissime applicazioni nel mondo reale, ad esempio nello studio dei sistemi e dei controlli automatici. Sarebbe altrettanto fondamentale comprendere che risolvere tale problema analiticamente risulta impossibile per polinomi di grado superiore al quarto, come afferma il teorema di Galois-Abel-Ruffini. Tale impossibilità riguarda l'esistenza di una formula *generale* che possa essere applicata a qualsiasi polinomio.

Nelle applicazioni pratiche nella vita reale gli zeri dei polinomi si cercano attraverso tecniche di analisi numerica, argomento tragicamente assente dai programmi scolastici.

2.4.1 - LA RICERCA DELLE RADICI DI UN QUALSIASI TRINOMIO DI SECONDO GRADO (EQUAZIONI DI SECONDO GRADO)

Il metodo che andremo ad esporre funziona con qualsiasi trinomio.

Iniziamo da un caso semplice per poi estenderlo a casi che richiedono calcoli più elaborati. Risolviamo l'equazione:

$$y^2 - 4y - 21 = 0$$

Possiamo riscrivere l'espressione nel modo seguente:

$$y^2 - 4y + \cdots = 21$$

Vediamo ora quale termine dobbiamo sostituire ai puntini per avere lo sviluppo del quadrato del binomio: useremo poi tale valore per cercare le radici.

Essendo il doppio prodotto pari a -4, dovrò inserire la metà di tale valore nella usuale matrice:

	y	-2
y	y^2	$-2y$
-2	$-2y$	4

Quindi il termine cercato è 4. Aggiungendo tale termine ad entrambi i lati dell'equazione otteniamo:

$$y^2 - 4y + 4 = 21 + 4$$
$$(y - 2)^2 = 25$$

Mettendo sotto radice entrambi i membri dell'equazione si ottiene:

$$y - 2 = \pm\sqrt{25}$$
$$y_{1,2} = 2 \pm 5$$

La due radici (o zeri o soluzioni) sono quindi:

$$y_1 = 2 - 5 = -3$$
$$y_2 = 2 + 5 = 7$$

Nel caso in cui dovessimo scomporre il polinomio ricordiamo che la scomposizione si ottiene, grazie al teorema di Ruffini, come prodotto tra:

$$y^2 - 4y - 21 = (y + 3)(y - 7)$$

Il metodo proposto è molto rapido ed efficiente quando il doppio prodotto è pari e il coefficiente della variabile di secondo grado è uguale a uno.
Vediamo come operare negli altri casi. Risolviamo l'equazione:

$$x^2 - 7x + 10 = 0$$

che riscriviamo come:

$$x^2 - 7x + \cdots.. = -10$$

Considerando che il doppio prodotto dà origine al coefficiente -7 dovrò dividere tale elemento per due, e inserirlo nella matrice:

	x	$-\dfrac{7}{2}$
x	x^2	$-\dfrac{7}{2}x$
$-\dfrac{7}{2}$	$-\dfrac{7}{2}x$	$\dfrac{49}{4}$

L'elemento cercato che completa il quadrato è quindi $\dfrac{49}{4}$.

Aggiungendo tale quantità ad entrambi i membri, l'equazione diventa:

$$x^2 - 7x + \frac{49}{4} = \frac{49}{4} - 10 \Rightarrow$$

$$\left(x - \frac{7}{2}\right)^2 = \frac{49 - 40}{4} = \frac{9}{4}$$

Mettendo entrambi i membri sotto radice si ottiene:

$$x - \frac{7}{2} = \pm\sqrt{\frac{9}{4}}$$

da cui ricaviamo:

$$x_{1,2} = \frac{7}{2} \pm \frac{3}{2}$$

$$x_1 = \frac{7}{2} + \frac{3}{2} = \frac{10}{2} = 5$$

$$x_2 = \frac{7}{2} - \frac{3}{2} = \frac{4}{2} = 2$$

Analogamente a quanto visto in precedenza il polinomio può essere riscritto, utilizzando il teorema di Ruffini, (si veda il capitolo dedicato) come:

$$x^2 - 7x + 10 = (x - 5)(x - 2)$$

Nel caso in cui ci sia un coefficiente davanti al termine di secondo grado, operiamo nel modo seguente:

$$2x^2 + 3x - 5 = 0$$

Raccogliamo a fattor comune il coefficiente del termine di secondo grado:

$$2\left(x^2 + \frac{3}{2}x - \frac{5}{2}\right) = 0$$

Risolviamo poi l'equazione in parentesi, con coefficiente del termine di secondo grado pari a uno.

$$x^2 + \frac{3}{2}x - \frac{5}{2} = 0$$

Riscriviamo tale equazione come segue:

$$x^2 + \frac{3}{2}x + \cdots = \frac{5}{2}$$

Poiché $\frac{3}{2}$ rappresenta il coefficiente del doppio prodotto, dovremo dividere tale valore per due, ottenendo:

$$\frac{3}{2} : 2 = \frac{3}{2} \cdot \frac{1}{2} = \frac{3}{4}$$

La matrice sarà:

	x	$\frac{3}{4}$
x	x^2	$\frac{3}{4}x$
$\frac{3}{4}$	$\frac{3}{4}x$	$\frac{9}{16}$

Il termine cercato è quindi $\frac{9}{16}$ che andremo a sostituire nell'equazione:

$$x^2 + \frac{3}{2}x + \cdots = \frac{5}{2}$$

ottenendo

$$x^2 + \frac{3}{2}x + \frac{9}{16} = \frac{5}{2} + \frac{9}{16}$$

Possiamo scrivere:

$$\left(x + \frac{3}{4}\right)^2 = \frac{40+9}{16} = \frac{49}{16}$$

Mettendo entrambi i membri sotto radice otteniamo:

$$x + \frac{3}{4} = \pm\sqrt{\frac{49}{16}}$$

da cui ricaviamo:

$$x_{1,2} = -\frac{3}{4} \pm \frac{7}{4}$$

$$x_1 = -\frac{3}{4} - \frac{7}{4} = -\frac{10}{4} = -\frac{5}{2}$$

$$x_2 = -\frac{3}{4} + \frac{7}{4} = \frac{4}{4} = 1$$

Applicando il teorema di Ruffini possiamo riscrivere il polinomio come:

$$2x^2 + 3x - 5 = 2\left(x + \frac{5}{2}\right)(x - 1)$$

Il modello a MATRICE risulta efficace per comprendere "cosa stiamo facendo" invece che applicare acriticamente la formula risolutiva. Una volta acquisito come strumento di ragionamento ci sono molteplici situazioni nelle quali conviene certamente applicare la formula... ma nel caso in cui la memoria vacilli possiamo sempre ricavare le soluzioni per ragionamento!

2.5 - LA DIVISIONE TRA POLINOMI CON IL MODELLO A MATRICE

Inseriamo in questo capitolo la divisione per sottolineare che lo scopo principale per il quale si effettua la divisione tra polinomi è quello della ricerca delle radici.

Vediamo quindi come applicare il modello a matrice per dividere i polinomi (vedremo che tale strumento sarà molto utile anche per le scomposizioni quando riusciamo a trovare uno zero del polinomio da scomporre).

2.5.1 - POLINOMIO COMPLETO

Effettuiamo la divisione:

$$(16x^3 - 8x^2 - 11x + 6):(4x^2 + x - 2)$$

La procedura è analoga a quanto visto per la divisione tra numeri scritti in notazione polinomiale. Come prima cosa dobbiamo ordinare entrambi i polinomi secondo le potenze decrescenti della variabile. Poi costruiamo una matrice inserendo al momento soltanto il polinomio divisore. Il numero delle colonne sarà pari al grado del polinomio che si ottiene dividendo il termine di grado più alto del dividendo e il termine di grado più alto del divisore più uno per l'eventuale termine noto, a cui dobbiamo aggiungere al solito riga e colonna di supporto.

In questo caso abbiamo $\frac{x^3}{x^2} = x$, che ha grado uno, più una colonna per il termine noto, più una colonna di supporto, ovvero 3 colonne.

Il numero di righe sarà pari al numero di termini del polinomio più uno.

$4x^2$		
x		
-2		

Andiamo ora a collocare nella prima cella il primo termine del polinomio da dividere, ovvero $16x^3$:

$4x^2$	$16x^3$	
x		
-2		

e lo dividiamo per il primo termine del polinomio divisore, ovvero $4x^2$. Il risultato della divisione $\frac{16x^3}{4x^2} = 4x$, analogamente a quanto visto per i numeri in $\mathbb{Q}$, lo collochiamo nella prima riga, come risultato della moltiplicazione tra tale fattore e $4x^2$:

	$4x$	
$4x^2$	$16x^3$	
x		
-2		

138

Eseguiamo ora tutte le moltiplicazioni conseguenti all'aver posizionato tale elemento:

	$4x$	
$4x^2$	$16x^3$	
x	$4x^2$	
-2	$-8x$	

Dobbiamo ora effettuare la sottrazione del polinomio ottenuto dal polinomio iniziale, analogamente a quanto visto nel caso della divisione tra numeri.

NB: poniamo attenzione al fatto che una divisione rappresenta una serie di sottrazioni ripetute.

A fianco della matrice lasciamo quindi uno spazio per le sottrazioni che andremo ad effettuare man mano. Ovviamente la sottrazione può essere considerata come somma con l'opposto, quindi scriverò il polinomio trovato cambiato di segno e faremo la somma algebrica:

	$4x$	
$4x^2$	$16x^3$	
x	$4x^2$	
-2	$-8x$	

$$+ 16x^3 - 8x^2 - 11x + 6$$
$$- 16x^3 - 4x^2 + 8x \qquad =$$
$$\overline{\qquad\qquad\qquad\qquad\qquad}$$
$$- 12x^2 - 3x + 6$$

Andiamo ora ad inserire nella prima cella libera nel corpo della matrice il primo termine del polinomio "resto", che può essere ulteriormente diviso:

	$4x$	
$4x^2$	$16x^3$	$-12x^2$
x	$4x^2$	
-2	$-8x$	

Dividiamo tale termine per il primo termine del polinomio divisore e collochiamo il risultato nella prima riga di supporto: il termine dovrà essere quello che moltiplicato per $4x^2$ dà come risultato $-12x^2$.

Per trovarlo eseguiamo l'operazione $\frac{-12x^2}{4x^2} = -3$, poi moltiplichiamo tale termine per tutti gli altri termini del divisore, analogamente a quanto visto in precedenza. La matrice risulta:

	$4x$	-3
$4x^2$	$16x^3$	$-12x^2$
x	$4x^2$	$-3x$
-2	$-8x$	6

Eseguiamo nuovamente la sottrazione ottenendo:

	$4x$	-3
$4x^2$	$16x^3$	$-12x^2$
x	$4x^2$	$-3x$
-2	$-8x$	6

$$+ 16x^3 - 8x^2 - 11x + 6$$
$$- 16x^3 - 4x^2 + 8x \qquad =$$

$$- 12x^2 - 3x + 6$$
$$+ 12x^2 + 3x - 6 =$$

In questo caso il resto è pari a zero, quindi potremo riscrivere il polinomio iniziale come:

$$16x^3 - 8x^2 - 11x + 6 = (4x^2 + x - 2)(4x - 3)$$

2.5.2 - POLINOMIO INCOMPLETO

Vediamo ora come fare quando abbiamo un polinomio non completo, in cui mancano delle potenze della variabile, e quando la divisione determina un resto. Effettuiamo la divisione:

$$(x^5 - 7x^4 + 2x^2 - 1):(x^2 + 1)$$

Costruiamo la matrice come visto in precedenza: il numero delle righe sarà pari a $(2+1)$ = (numero termini del polinomio divisore più uno). Il numero delle colonne lo troviamo calcolando $\frac{x^5}{x^2} = x^3$; poiché avremo come risultato un polinomio di terzo grado (che se completo avrà 4 termini), consideriamo (4+1) colonne. All'interno della matrice collochiamo il polinomio divisore, il primo termine del polinomio dividendo, e il risultato della divisione tra quest'ultimo e il primo termine del polinomio divisore, eseguendo i calcoli come visto in precedenza:

	x^3			
x^2	x^5			
1	x^3			

Eseguiamo poi la sottrazione come visto sopra, ma dovremo riscrivere il polinomio creando gli spazi per le potenze della variabile non presenti nel polinomio dividendo, in questo modo:

$$x^5 - 7x^4 + 2x^2 - 1 = x^5 - 7x^4 + 0x^3 + 2x^2 + 0x - 1$$

Facendo la sottrazione otteniamo:

AREA DI LAVORO:

$$
\begin{aligned}
&x^5 - 7x^4 + 0x^3 + 2x^2 + 0x - 1 \\
-\ &x^5 \qquad\quad\ - x^3 \\
\hline
&0\,x^5 - 7x^4 - x^3 + 2x^2 + 0x - 1
\end{aligned}
\qquad =
$$

Collochiamo ora nella matrice il termine $-7x^4$, da cui ricaviamo il termine da porre nella prima riga terza colonna, calcolando $\frac{-7x^4}{x^2} = -7x^2$.

Eseguiamo i calcoli:

	x^3	$-7x^2$		
x^2	x^5	$-7x^4$		
1	x^3	$-7x^2$		

Continuando la sottrazione otteniamo:

AREA DI LAVORO:

$$x^5 - 7x^4 + 0x^3 + 2x^2 + 0x - 1$$
$$-\ x^5 \qquad\quad -\ x^3 \qquad\qquad\qquad =$$

$$0\,x^5 - 7x^4 - x^3 + 2x^2 + 0x - 1$$
$$+7x^4 \qquad\quad +\ 7x^2 \qquad\qquad =$$

$$0x^4 - x^3 + 9x^2 + 0x - 1$$

Collochiamo ora nella matrice il termine $-x^3$, da cui ricaviamo il termine da porre nella prima riga e quarta colonna, dividendo $\frac{-x^3}{x^2} = -x$.

Eseguendo poi le moltiplicazioni otteniamo:

	x^3	$-7x^2$	$-x$	
x^2	x^5	$-7x^4$	$-x^3$	
1	x^3	$-7x^2$	$-x$	

Continuiamo la sottrazione:

AREA DI LAVORO

$$x^5 - 7x^4 + 0x^3 + 2x^2 + 0x - 1$$
$$- x^5 \qquad - x^3 \qquad\qquad =$$

$$\overline{0\,x^5 \quad - 7x^4 - x^3 + 2x^2 + 0x - 1}$$
$$+7x^4 \qquad + 7x^2 \qquad\qquad =$$

$$\overline{0x^4 - x^3 + 9x^2 + 0x - 1}$$
$$+ x^3 + \qquad\quad x \qquad\qquad =$$

$$\overline{9x^2 + x - 1}$$

Collochiamo infine il termine $9x^2$ e successivamente il termine da collocare nell'ultima colonna, che sarà $\frac{9x^2}{x^2} = 9$ e procediamo come visto sopra:

	x^3	$-7x^2$	$-x$	9
x^2	x^5	$-7x^4$	$-x^3$	$9x^2$
1	x^3	$-7x^2$	$-x$	9

Eseguiamo come al solito la sottrazione:

AREA DI LAVORO

$$x^5 - 7x^4 + 0x^3 + 2x^2 + 0x - 1$$
$$- x^5 \qquad\quad - x^3 \qquad\qquad\qquad =$$

$$-7x^4 - x^3 + 2x^2 + 0x - 1$$
$$+7x^4 \qquad\quad + 7x^2 \qquad\qquad =$$

$$- x^3 + 9x^2 + 0x - 1$$
$$+ x^3 \qquad\quad + x \qquad\qquad =$$

$$9x^2 + \quad x - 1$$
$$- 9x^2 \qquad\quad - 9 \qquad =$$

$$x - 10$$

A questo punto la divisione è terminata, in quanto il resto ha grado inferiore al polinomio divisore. Il resto è rappresentato dal polinomio $(x - 10)$. Possiamo quindi scrivere:

$$(x^5 - 7x^4 + 2x^2 - 1) : (x^2 + 1) =$$
$$= (x^3 - 7x^2 - x + 9) \quad R : (x - 10)$$

Per fare la prova, moltiplichiamo quoziente e divisore ed aggiungiamo il resto; il risultato deve essere uguale al dividendo.

PROVA:

$$(x^2 + 1) \cdot (x^3 - 7x^2 - x + 9) + (x - 10) =$$

Riutilizziamo la matrice pensando alla moltiplicazione tra i polinomi su righe e colonne; sommiamo i termini simili contenuti della matrice per ottenere il risultato.

	x^3	$-7x^2$	$-x$	9
x^2	x^5	$-7x^4$	$-x^3$	$9x^2$
1	x^3	$-7x^2$	$-x$	9

$$(x^2 + 1) \cdot (x^3 - 7x^2 - x + 9) = x^5 - 7x^4 + 2x^2 - x + 9$$

ed aggiungiamo il resto a tale polinomio:

$$x^5 - 7x^4 - 2x^2 - x + 9 + (x - 10) = x^5 - 7x^4 + 2x^2 - 1$$

Abbiamo ottenuto il polinomio dividendo dimostrando la correttezza della soluzione.

2.5.3 - CASO IN CUI APPAIONO PIÙ VARIABILI

Eseguiamo ad esempio la divisione:

$$(x^4 - 2x^2y^2 - x^3y + 2y^4) : (2y - 2x)$$

Occorre scegliere una variabile ed ordinarla secondo le potenze decrescenti, sia rispetto al dividendo che al divisore. Riordiniamo ad esempio il polinomio rispetto alla variabile x:

$$(x^4 - x^3y - 2x^2y^2 + 2y^4) : (-2x + 2y)$$

146

Costruiamo la matrice ed eseguiamo i calcoli come visto in precedenza:

	$-\frac{1}{2}x^3$		
$-2x$	x^4		
$+2y$	$-x^3y$		

$+ x^4 - x^3y - 2x^2y^2 + 0x + 2y^4$
$- x^4 + x^3y$ =
$$\overline{\qquad\qquad\qquad\qquad\qquad}$$
$- 2x^2y^2 + 0x + 2y^4$

Inseriamo ora il termine $-2x^2y^2$ ed eseguiamo i calcoli:

	$-\frac{1}{2}x^3$	xy^2	
$-2x$	x^4	$-2x^2y^2$	
$+2y$	$-x^3y$	$2xy^3$	

$+ x^4 - x^3y - 2x^2y^2 + 0x + 2y^4$
$- x^4 + x^3y$ =
$$\overline{\qquad\qquad\qquad\qquad\qquad}$$
$- 2x^2y^2 + 0x + 2y^4$
$+ 2x^2y^2 - 2xy^3$ =
$$\overline{\qquad\qquad\qquad\qquad\qquad}$$
$- 2xy^3 + 2y^4$

Aggiungiamo nella matrice l'ultimo elemento e calcoliamo:

	$-\frac{1}{2}x^3$	xy^2	y^3
$-2x$	x^4	$-2x^2y^2$	$-2xy^3$
$+2y$	$-x^3y$	$2xy^3$	$2y^4$

$+ x^4 - x^3y - 2x^2y^2 + 0x + 2y^4$
$- x^4 + x^3y$ =
$$\overline{\qquad\qquad\qquad\qquad\qquad}$$
$- 2x^2y^2 + 0x + 2y^4$
$+ 2x^2y^2 - 2xy^3$ =
$$\overline{\qquad\qquad\qquad\qquad\qquad}$$
$- 2xy^3 + 2y^4$
$- 2xy^3 + 2y^4$ = $\bigcirc$

La divisione è terminata non producendo resto. Possiamo quindi scrivere:

$$(x^4 - x^3y - 2x^2y^2 + 2y^4) : (-2x + 2y) = -\frac{1}{2}x^3 + xy^2 + y^3$$

Saremmo giunti allo stesso risultato se avessimo ordinato il polinomio secondo le potenze decrescenti di y sia nel dividendo che nel divisore e avessimo eseguito la divisione analogamente a quanto illustrato.

2.6 - LA SCOMPOSIZIONE DEI POLINOMI ATTRAVERSO LA DIVISIONE: APPLICAZIONE DEL TEOREMA DI RUFFINI

Il teorema di Ruffini ci fornisce uno strumento importantissimo per la scomposizione dei polinomi, che dovrebbe essere ben distinto dalla cosiddetta "regola di Ruffini". Il nome di Ruffini viene purtroppo ricordato dagli studenti solo per l'inutilmente complicato schema di calcolo dimenticando totalmente il senso e l'importanza del teorema omonimo:

TEOREMA DEL RESTO (o della radice o di Ruffini)

Se $P(x)$ é un polinomio e a è una sua radice (cioè $P(a) = 0$) allora:

$$P(x) = (x - a)Q(x) \text{ e viceversa.}$$

Il teorema fornisce un criterio di scomponibilità di un polinomio $P(x)$ di cui si sia trovato uno zero pari ad a e permette così di ridurre il problema della soluzione dell'equazione algebrica $P(x) = 0$ a quello della soluzione dell'equazione di grado minore $Q(x) = 0$.

Tale teorema offre quindi un importantissimo strumento per la scomposizione di polinomi per i quali non sia immediato riconoscere le scomposizioni presentate fin qui. Ruffini, tramite il suo teorema, ci offre l'ancora di salvezza.

2.7 - COME TROVARE GLI ZERI DI UN POLINOMIO (OVVERO I VALORI CHE LO ANNULLANO)

Ci viene in soccorso un teorema dell'algebra che afferma che gli **zeri razionali** di un polinomio

$$P(x) = a_n x^n + \cdots .. + a_1 x + a_0$$

sono tutti e solo della forma $\frac{p}{q}$ dove:

$$\frac{p}{q} = \frac{divisori\ del\ termine\ noto}{divisori\ del\ termine\ di\ grado\ maggiore}$$

2.8 - COME SCOMPORRE UN POLINOMIO DI CUI SI CONOSCA ALMENO UNO ZERO

Consideriamo il polinomio da scomporre:

$$x^4 + 10x^3 + 24x^2 - 10x - 25$$

e cerchiamo una radice tra i divisori del termine noto, ovvero ± 1, ± 5, ± 25. Verifichiamo agevolmente che $P(1) = 1 + 10 + 24 - 10 - 25 = 0$

Possiamo quindi dividere il polinomio per $(x - 1)$. Eseguiamo la divisione come visto sopra ed otteniamo come risultato:

	x^3	$11x^2$	$35x$	25
x	x^4	$11x^3$	$35x^2$	$25x$
-1	$-x^3$	$-11x^2$	$-35x$	-25

$$
\begin{aligned}
&x^4 + 10x^3 + 24x^2 - 10x - 25 \\
&-x^4 + x^3 \qquad\qquad\qquad\qquad = \\
\hline
&\quad 11x^3 + 24x^2 - 10x - 25 \\
&\quad -11x^3 + 11x^2 \qquad\qquad\quad = \\
\hline
&\qquad\quad 35x^2 - 10x - 25 \\
&\qquad\quad -35x^2 + 35x \qquad\quad = \\
\hline
&\qquad\qquad\quad 25x - 25 \\
&\qquad\qquad\quad -25x + 25 \quad = 0
\end{aligned}
$$

Possiamo quindi scrivere:

$$x^4 + 10x^3 + 24x^2 - 10x - 25$$
$$= (x - 1)(x^3 + 11x^2 + 35x + 25)$$

Reiteriamo il procedimento scomponendo ora il polinomio:

$$x^3 + 11x^2 + 35x + 25$$

Cerchiamo come al solito gli zeri cercando tra i divisori del termine noto. Si ricava facilmente che il polinomio si annulla per $x = -1$. Possiamo quindi dividere il polinomio per $(x + 1)$ ottenendo:

	x^2	$10x$	25
x	x^3	$10x^2$	$25x$
1	x^2	$10x$	25

$$\begin{aligned}
&\cancel{x^3} + 11x^2 + 35x + 25 \\
&\underline{-\cancel{x^3} - \; x^2} \qquad\qquad = \\
&\qquad 10x^2 + 35x + 25 \\
&\qquad \underline{-10x^2 - 10x} \qquad = \\
&\qquad\qquad 25x + 25 \\
&\qquad\qquad \underline{-25x - 25} \qquad = 0
\end{aligned}$$

Possiamo quindi scrivere:

$$x^4 + 10x^3 + 24x^2 - 10x - 25 = (x-1)(x^3 + 11x^2 + 35x + 25) =$$
$$=(x-1)(x+1)(x^2 + 10x + 25)$$

A questo punto non ha senso reiterare il procedimento poiché è facile riconoscere il quadrato del binomio nell'ultima parentesi:

$$x^4 + 10x^3 + 24x^2 - 10x - 25 = (x-1)(x+1)(x+5)^2$$

2.9 - PROCEDIMENTO ALTERNATIVO UTILIZZANDO IL MODELLO A MATRICE

Partendo dallo stesso polinomio:

$$x^4 + 10x^3 + 24x^2 - 10x - 25$$

dopo aver trovato un valore che lo annulla, avremmo potuto utilizzare il modello a matrice nel modo che andremo ad illustrare. Il polinomio si annulla per $x = 1$, quindi per il teorema di Ruffini è divisibile per $(x - 1)$. Invece di eseguire la divisione come visto sopra, vado alla ricerca del polinomio P tale che:

$$\frac{(x^4 + 10x^3 + 24x^2 - 10x - 25)}{P} = (x - 1)$$

Costruisco la seguente matrice, all'interno della quale collocheremo i termini che rappresentano dei vincoli. Come primi elementi posizioneremo x e -1 sulle righe, poi il termine di grado più alto e il termine noto agli angoli estremi all'interno della matrice, dopodiché risulteranno determinati in modo univoco gli elementi restanti da posizionare nella prima colonna e ultima colonna.

	x^3			25
x	x^4			$25x$
-1	$-x^3$			-25

Sappiamo poi che il polinomio che stiamo cercando deve essere inferiore di un grado a quello del polinomio iniziale, ovvero di terzo grado. Prepariamo quindi le intestazioni delle colonne vuote con i termini x^2 e x:

	x^3	x^2	x	25
x	x^4			$25x$
-1	$-x^3$			-25

Ora dovremo fare in modo che gli elementi posti sulle diagonali secondarie, che contengono le stesse potenze della x, diano come somma algebrica i valori presenti nel polinomio;

aggiusteremo quindi i coefficienti numerici in modo da raggiungere tale obiettivo:

	x^3	$11x^2$	$35\,x$	25
x	x^4	$11x^3$	$35\,x^2$	$25x$
-1	$-x^3$	$-11x^2$	$-35\,x$	-25

Possiamo quindi scrivere:

$$x^4 + 10x^3 + 24x^2 - 10x - 25 = (x - 1)(x^3 + 11x^2 + 35x + 25)$$

Usiamo lo stesso procedimento per scomporre il polinomio di terzo grado

$$x^3 + 11x^2 + 35x + 25$$

Possiamo verificare facilmente che $x = -1$ è una radice, quindi il polinomio è divisibile per $x + 1$. Possiamo pertanto costruire la matrice, analogamente a quanto visto sopra:

	x^2	x	25
x	x^3		$25x$
1	x^2		25

Completiamo ora la matrice cercando il coefficiente della x che consenta di ricostruire il polinomio:

153

	x^2	$10\,x$	25
x	x^3	$10x^2$	$25x$
1	x^2	$10x$	25

Possiamo quindi scrivere:

$$x^4 + 10x^3 + 24x^2 - 10x - 25 = (x - 1)(x + 1)(x^2 + 10x + 25)$$

A questo punto si riconosce facilmente lo sviluppo del quadrato del binomio $(x + 5)^2$ nell'ultimo polinomio. La scomposizione definitiva risulta quindi:

$$x^4 + 10x^3 + 24x^2 - 10x - 25 = (x - 1)(x + 1)(x + 5)^2$$

3 – CONCLUSIONI

Questa lunga carrellata copre tutte (o quasi) le principali scomposizioni. Una volta fatto un minimo di allenamento per padroneggiare il metodo, questo risulta uno strumento versatile che accompagnerà lo studente fino al quinto anno.

Lo spirito con cui è stato scritto il manuale è di alleggerire il carico mnemonico di questo capitolo della matematica, quello in cui appaiono le lettere che tanto spaventano gli studenti.

Riuscire a giocare con gli enti matematici può ricostruire un minimo di piacere per la matematica, quantomeno riconciliazione, in quanto ci si sente meno impotenti di fronte ad essa.

Auguro a chiunque abbia l'occasione di leggere il manuale di ritrovare un senso di self-confidence ed autonomia, al fine di potersi avventurare in quel viaggio estremamente affascinante che è l'universo matematico.

E questo non solo a fini pratici ma anche di puro gioco e divertimento, per scoprire quel senso di stupore e meraviglia di fronte al mondo matematico, popolato da numeri e idee creative.

Credo altresì che un mondo migliore possa essere costruito partendo dalla propria rivoluzione interiore, cosa che la matematica consente a chiunque di fare. Ma come tutte le cose belle e preziose richiede di mettersi in gioco, e un impegno e una dedizione costante.

Buon viaggio a tutti!

RINGRAZIAMENTI

Desidero ringraziare la mia strampalata famiglia di origine, e successivamente quella creata con Ernesto, che pur nelle difficoltà e conflittualità mi ha stimolata a diventare una persona migliore. Grazie infinite alla zia Anita, che mi assiste da altre dimensioni seguendo ogni mio passo.

Un pensiero speciale va a Mauro Angelucci, senza il quale la storia non avrebbe avuto inizio.

Sono grata a Davide Zavattaro per essermi stato vicino e aver supportato le mie continue ricerche, che spesso mi hanno portata lontano, fisicamente e mentalmente. Lo ringrazio anche per gli innumerevoli spunti di riflessione e di continuo confronto su tutto lo scibile umano.

Ringrazio i tanti mentori, umani e virtuali, a cui mi sono ispirata e che sono stati dei punti di riferimento fondamentali per essere ciò che sono ora.

Sono altresì riconoscente a tutti i numerosissimi amici che ho trovato ovunque sia andata e che rappresentano per me famiglie d'anima, in particolare Maria Pia Cavasinni, sostegno onnipresente nella mia vita.

Un pensiero speciale è rivolto a Chiara Paolizzi, che ha revisionato con cura ed attenzione l'intero testo.

E infine, ultimo ma non ultimo, Alessandro Zecchinato, che con pazienza e dedizione mi ha aiutata a portare alla luce quest'opera.

BIBLIOGRAFIA

- Arzarello F. (1992) - Un'introduzione concreta all'algebra astratta. L'insegnamento della matematica e delle scienze integrate - Vol 15 n.11-12 Nov.-Dic. 92 - CRDUM - Paderno del Grappa (TV).
- Aschieri I., D'Amore B., Pesci A. (eds) (1999)- *Ruolo e funzioni della matematica a scuola. Come aiutare chi è in difficoltà?* - Atti del Convegno Nazionale Grimed n. 8, Castel San Pietro Terme febbraio 1999. Bologna: Pitagora.
- AA.VV. (1994) - *L'algebra tra tradizione e rinnovamento* - Seminario di formazione per docenti (Liceo scientifico Vallisneri) - Ministero della Pubblica Istruzione
- Boaler, Jo et al. (2019) *Mindset Mathematics: Visualizing and Investigating Big Ideas,* Jossey-Bass
- M.Bovio, M. Reggiani - *La fattorizzazione di polinomi Osservazioni didattiche* - *Nucleo* di Ricerca in Didattica della Matematica di Pavia
- D'Amore B., De Flora A. (1974) - *Algebra: elementi e strutture* - Bologna: Zanichelli.
- D'Amore B. (2001).- *Didattica della Matematica* - Bologna: Pitagora.
- Fandiño Pinilla M. I. (2015). - *Difficoltà nell'apprendimento della matematica* In: Salvucci L. (editor) (2015). *Strumenti per la didattica della matematica. Ricerche, esperienze, buone pratiche,* Milano: Franco Angeli. 112-123.
- Gagatsis A., Alexandrou M., 2022 - *Una revisione della ricerca sull'insegnamento e l'apprendimento dei numeri negativi: una "ricerca-azione" sull'applicazione del modello geometrico della linea dei numeri* - Didattica

della matematica. Dalla ricerca alle pratiche d'aula Online www.rivistaddm.ch, 2022 (11), 9 - 32

- Impedovo, M. (1993) *Che cosa è davvero importante del calcolo letterale?*, Periodico Mathesis Milano n°7
- Impedovo, M. (2014), *Matematica dappertutto vol. A*, libro di testo per il primo biennio della scuola secondaria di II grado, Zanichelli
- Impedovo, M. (2000), *Datemi un polinomio e vi solleverò il mondo: strutture e approssimazioni* INCONTRI CON LA MATEMATICA N. 14 Castel San Pietro Terme
- Malara N. (1996), *Il Pensiero Algebrico: come promuoverlo sin dalla scuola dell'obbligo limitandone le difficoltà*, L'educazione Matematica
- Malara N. (1997), *Problemi di insegnamento apprendimento nel passaggio dall'aritmetica all'algebra*, La matematica e la sua didattica. Bologna: Pitagora
- Mariotti M. A., Cerulli M. (2003), Espressioni numeriche ed espressioni letterali: continuità o rottura?, La matematica e la sua didattica. Bologna: Pitagora
- Prodi G., (1986) - Matematica come scoperta - vol. 2, G. D'Anna, Firenze
- Prodi G., Villani V., (1982) - Anche il calcolo letterale può essere intelligente - Archimede - vol. n° 34-35, n° 2, pp.163-173.
- Scimemi B., (1979) - Algebretta - Decibel – Zanichelli
- Ahmad Tabieh, (2020) *A Teaching Model of Polynomial Functions' Learning Outcomes According to the System Approach for High School Students* , International Journal of Learning Teaching and Educational Research 10(3)
- U.M.I. (1977 -19789, *Guida al progetto d'insegnamento della matematica nelle scuole secondarie superiori*

proposto da G. Prodi : esperienze di nuclei di ricerca didattica / a cura dell'Unione Matematica Italiana

SITOGRAFIA

- http://progettomatematica.dm.unibo.it/ - AA.VV. Un progetto del Dipartimento di Matematica dell'Università di Bologna
- https://www.mat.uniroma1.it/sites/default/files/LUCREZIOCARO-InsiemiNumericiNumeriComplessi-presentazione.pdf - Caro L. - Gli ampliamenti
- https://rsddm.dm.unibo.it/wp-content/uploads/2023/01/04-DAmore-e-Fandin%CC%83o-MD-301-2-2022.pdf - D'Amore, Pinilla - Riflessioni su certi dannosi modi di stravolgere l'apprendimento della matematica
- https://www.dm.unibo.it/rsddm/it/articoli/damore/429%20articolo%20su%20uguale.pdf - D'Amore - Uguale è un segno di relazione o un indicatore di procedura?
- https://sites.unipa.it/grim/diffic in matematica e sistemi di convinzioni Di Martino 2004.pdf - Di Martino P. - Difficoltà in matematica e sistemi di convinzioni
- http://progettomatematica.dm.unibo.it/insieminumerici/precorsi.htm - Di Quattro E., Gimigliano A. - Insiemi e insiemi numerici
- https://amslaurea.unibo.it/14701/1/Tesi Gamberi Chiara.pdf- Gamberi C. - Misconcezioni in matematica: una sperimentazione nella scuola secondaria di secondo grado
- https://amslaurea.unibo.it/9147/1/GIOIOSA ANTONELLA TESI.pdf - Gioiosa A - L'aspetto geometrico delle

identità algebriche: un esperimento nell'insegnamento della matematica.

- https://amslaurea.unibo.it/8705/1/Tesi_finale.pdf - Lo Monaco S. - Insegnanti vs polinomi: un carosello tra appunti e libri di testo
- https://nuovadidattica.wordpress.com/agire-didattico/9-la-trasposizione-didattica/ostacoli-ontogenetici-epistemologici-didattici/ - Pezzimenti L.
- https://www.dm.unibo.it/rsddm/it/articoli/fandino/2 57%20Fandino%20Pinilla%20Difficolta%20in%20Salv ucci.pdf - Pinilla - Difficoltà nell'apprendimento della Matematica
- https://www.dm.unibo.it/rsddm/it/articoli/sbaragli/L DMS%203.pdf - Sbaragli - Cambi di convinzione sulla pratica didattica concernente le frazioni.

www.ingramcontent.com/pod-product-compliance
Lightning Source LLC
Chambersburg PA
CBHW070422290526
45791CB00005B/1803